중학생을위한
스토리텔링
수학 **1**
1학년

# 중학생을 위한 스토리텔링 수학

## 1학년

계영희 지음

살림Friends

# 들어가는 말

　중학생이 된 여러분 환영합니다. 중학교는 여러 면으로 초등학교 시절과 다르겠지만 특히 '수포자'라는 신조어가 생길 정도로 수학을 포기하는 학생들이 많아집니다. 하지만 염려할 것 없어요. 선생님은 여러분들이 수학에서 받은 상처를 치유해 주고 위로하는 치료사가 되기 위해 이 책을 썼습니다. 왜냐고요? 바로 선생님의 딸이 수포자로서 어려움을 겪었기 때문에 누구보다도 그 마음을 잘 알거든요.

　그런데 중학 수학에 도전하기 전에 잠시 복습할 부분이 있습니다. 바로 분수와 소수예요. 스스로 수포자라고 생각했던 학생들! 지금부터 선생님과 함께 차근차근 수학의 개념을 다져 나가면 얼마든지 정상에 오를 수 있습니다.

## 1. 분수가 뭐였지?

분수는 한 마디로 나눗셈이에요. $4÷5$를 $\frac{4}{5}$로 나타낼 수 있어요. 물론 $\frac{4}{5}$는 0.8이란 소수로도 간단히 쓸 수 있습니다. 하지만 $2÷3$을 실제로 계산해 보면 어떻게 될까요?

$2÷3=0.666666……$으로 한없이 계속됩니다. 이럴 때 소수보다 분수가 편리하다는 걸 알게 되죠. 그리고 똑같은 숫자 6이 계속 반복되는 것을 볼 수 있죠? 이런 것을 **순환소수**라고 부르는데 순환소수는 분수로 표시되므로 유리수라는 걸 초등학교 때 배웠습니다.

그럼 순환하지 않는 소수도 있을까요? 물론이에요. 순환하지 않는 대표적인 수는 원주율 파이($π$)로 $3.14159……$로 한없이 불규칙적으로 계속되는 수입니다. 이 수는 유리수가 아니에요. 중

학교 1학년 수학에서는 정수와 유리수만 배우고 무리수는 2학년에 배우니 그때 차근차근 배우기로 하죠. 또 한 가지 기억해야 할 것은 분수는 비례의 값을 의미한다는 거예요. 즉 4:5의 값은 $\frac{4}{5}$인 거죠. 예를 들어 다음의 비례를 계산해 볼까요?

36÷12＝3이고 18÷6＝3, 9÷3＝3, 3÷1＝3이에요. 4개의 나눗셈의 답이 모두 똑같은 3이며, 이 식을 비례를 사용해서 나타내면 다음과 같아요.

$$36:12＝18:6$$
$$＝9:3$$
$$＝3:1$$

따라서 36:12＝3:1이 됩니다. 즉 비례는 간단한 정수비로 나타낼 수 있어요.

자, 비례의 계산을 복습하면서 중학 수학에 도전해 봐요.

똑같은 크기의 피자 두 판이 있어요. 하나는 3등분을 했고, 하나는 4등분을 했는데 3등분한 것 1조각과 4등분한 것 1조각을 합하면 몇 개일까요?

3등분 한 것은 3개가 있어야 한 판이 되고, 4등분한 것은 4개가 있어야 한 판이 돼요. 먼저 '분모는 피자를 몇 등분하는가?'를 생각하고 '분자는 조각이 몇 개인가?'를 생각합니다. 마지막으로 분모가 서로 다른 분수를 더해야 해요. 다시 말해서 $\frac{1}{3}+\frac{1}{4}$을 계산하려면 분모를 똑같이 만들어야 하는데 이를 **통분**이라고 부릅니다.

$$\frac{1}{3}+\frac{1}{4}=\frac{4}{12}+\frac{3}{12}=\frac{4+3}{12}=\frac{7}{12}$$

(3과 4의 배수인 12로 통분을 한다.)

즉 피자를 3등분한 것 1조각과 4등분한 것 1조각을 합하면, 피자를 12등분한 것 7조각과 같아요.

$$\frac{1}{3} \quad + \quad \frac{1}{4} \quad = \quad \frac{7}{12}$$

**분수의 덧셈과 뺄셈의 순서**

1. 분모를 통분한다.

    (분모를 똑같이 만들면서 분모에 곱한 수를 분자에도 곱한다.)

2. 통분이 되면 분자끼리 계산한다.

3. 분모와 분자를 약분한다.

    (분모와 분자가 같은 수로 나누어질 때는 그 수로 나눌 것)


## 2. 소수가 뭐더라 ?

소수는 0보다 크고 1보다 작은 수를 말합니다. 0과 1 사이에는 소수가 몇 개나 있을까요? 1을 10등분하면 0보다 크고 1보다 작은 소수가 9개가 생겨요. 그런데 0과 0.1을 또 10등분한 후에 확대경으로 보면 그림처럼 0.01부터 0.09까지 9개의 수가 또 생기죠. 이런 생각을 계속 한다면? 물론 눈으로 보기에는 힘들지만 이론적으로는 얼마든지 가능한 이야기입니다.

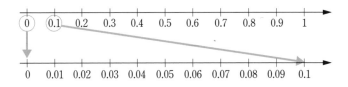

소수 0.3을 분수로 표현하면 0.1이 3개이므로 다음과 같아요.

$$0.3 = 0.1 \times 3 = \frac{1}{10} \times 3 = \frac{1}{10} \times \frac{3}{1} = \frac{3}{10}$$

한 걸음 더 나아가 0.01을 분수로 표현하면 $0.01 = \dfrac{1}{10} \div 10 = \dfrac{1}{10} \times \dfrac{1}{10} = \dfrac{1}{100}$이 됩니다.

자, 이제 어떤 규칙이 보이죠? 먼저 1=1.0으로 생각하면 쉬워요. 1의 바로 오른쪽 아래에 점이 있다고 생각하고 10으로 나눌 때는 1칸만 왼쪽으로 이동하여 점을 찍고 앞에 0을 붙여 주면 0.1이 된답니다.

$$1.0 \div 10 = 0.10$$

또 1을 100으로 나눌 때는 1의 바로 뒤 오른쪽 아래 점에서 두 칸을 왼쪽으로 이동하여 점을 찍고 앞에 0을 붙여 줍니다.

$$1.0 \div 100 = 0.010$$

10으로 나눌 때는 0이 1개였으므로 1칸만 이동하고, 100으로 나눌 때는 0이 2개이므로 2칸을 이동하는 것이 원리예요.

소수의 곱셈은 소수점이 없을 때의 곱셈과 나눗셈에서 소수점의 규칙만 외우면 됩니다. 자, 그럼 복습 삼아 곱셈을 하나 해 볼까요?

203×14=2842가 되는 것은 초등학교 3, 4학년 때 배운 내용입니다. 그러면 2.03×1.4는 얼마일까요?

2.03과 1.4에서 소수점 아래의 수를 모두 더하면 3개예요. 따라서 소수점이 없는 보통 곱셈을 한 후에 일의 자리 뒤에서부터 3칸 왼쪽으로 이동하여 점을 찍으면 끝나요.

$$2.03 \times 1.4 = 2.842$$

나눗셈도 자연수와 똑같은 방법으로 계산하면 됩니다. 예를 들어 $2250 \div 18 = 125$예요. 그럼 $225 \div 18 = ?$

225를 18로 나누려면 먼저 22 안에 18이 몇 개나 들어가는지 가늠해야 해요. 18은 22에 1개가 들어가므로 몫의 자리에 1이 올라가고, $22-18$을 하면 4가 남아요. 4는 원래 십의 자릿수이므로 일의 자릿수 5와 더해져 45가 돼요. 이제는 45 안에 18이 몇 개 들어가는지를 생각해 봐요. 2개가 들어가겠죠? 그럼 결국 몫은 12가 되고, $18 \times 2 = 36$이므로 $45-36=9$, 즉 나머지가 9가 되는 거예

요. 여기까지가 초등학교 4학년 때 배우는 나눗셈이랍니다. 하지만 답을 소수로 요구할 때는 몫에 소수점을 찍은 다음, 그 뒤에 나머지를 가지고 또 나눗셈을 해요. 즉 나머지 9를 그대로 적는 것이 아니라 9 뒤에 0을 붙여서 90으로 생각해야 해요. 그리고 90 안에 18이 몇 개가 들어가는지 생각하는 거죠. 즉 90은 18의 5배이므로 답은 12.5가 되는 거예요.

$$
\begin{array}{r}
12.\boxed{5} \\
18\,\overline{)\,225\phantom{0}} \\
(-)\,18\phantom{00} \\
\hline
45\phantom{0} \\
(-)\ 36\phantom{0} \\
\hline
9\ 0 \\
9\ 0 \\
\hline
0 \\
\end{array}
$$

그럼 22.5÷1.8은 어떻게 계산할까요? 소수점이 있기 때문에 어려워 보인다고요? 그럼 두 수에 각각 10을 곱하여 소수점을 없애고 계산해도 괜찮아요. 정말로요!

$$22.5 \div 1.8 = \frac{22.5}{1.8} = \frac{22.5 \times 10}{1.8 \times 10} = \frac{225}{18} = 225 \div 18$$

즉 앞의 방법으로 22.5÷1.8=12.5를 얻을 수 있어요.

자, 초등학교 수학의 복습은 이 정도로 끝내고, 이제 중학교에서는 어떤 수학을 배우는지 선생님과 함께 살펴볼까요?

# 차례

# 제1장
# 십진법과 이진법

## 1. 자연수는 어떻게 발생했을까?

자연수는 인간 생활에서 말 그대로 자연에 있는 돌멩이의 수, 양 떼의 수, 날짜의 수와 같은 주변의 것을 셈하는 데서 자연스럽게 나온 거예요. 원시사회에서는 큰 수를 셈할 일이 없었고, 또 그럴 필요도 없었어요. 그러나 생활 수준이 향상되면서 때로는 많은 짐승 무리를 셀 필요도 생겼고, 하늘의 별이 얼마나 되는지 궁금해하며 수를 일정한 수로 묶고 생각하게 됐어요.

처음 수를 묶는 방법은 십진법이었어요. 10이 아니라 3, 7, 20도 상관이 없었지만, 사람의 손가락이 좌우 합해서 10이기 때문에 자연스럽게 10을 기준으로 삼게 되었어요. 처음에 10은 수이기보다는 한 덩어리로 생각되었어요. 낱낱이 세는 것보다 큰 덩어리로 세는 것이 훨씬 많은 수를 간단히 처리할 수 있으니까요. 우리 조상들도 처음에는 개수만큼 같은 것을 길게 늘어놓고 수를 표시했어요.

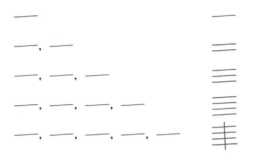

이 생각을 발전시켜서 10개면 '십+'으로 표시하였고, 이것을 10개 모아서 백으로 나타냈어요. 계속 이런 식으로 '천'이나 '만'이라는 단위로 올라갔죠.

가령, 100을 '——'으로 표시한다면 100개의 '——'를 길게 늘어놓아야 하므로 무척 번거로웠고 틀리기도 쉬웠어요. 하지만 십진법을 사용하여 십, 백, 천, 만으로 표시하면 아주 쉬워진답니다.

이렇게 편리한 묶음 만들기는 '십' 단위만 있는 것은 아니에요. 연필은 십이진법을 사용하여 한 묶음이 12개이지요. 옛날 이집트인들은 1달을 30일로 생각한 삼십진법, 1년을 12달로 묶어 십이진법을 각각 사용했어요. 또 메소포타미아인은 우리가 시간이나 각도에 사용하는 육십진법을 이미 옛날부터 사용했고요(60초=1분, 60분=1시간). 또한 요즘 없으면 안 되는 컴퓨터는 0과 1로만 표시되는 이진법으로 되어 있답니다. 디지털이라는 말은 손가락을 의미하는 '디지트digit'에서 나왔고, 운동경기의 득점을 말하는 스코어score는 20이라는 뜻에서 나왔어요. 이처럼 진법은 우리 생활을 보다 편리하고 풍요롭게 만들어 주었어요.

## 2. 거듭제곱이란 무엇일까?

조선시대에 우리나라 임금님은 식사 후 후식으로 꿀타래를 드셨대요. 꿀타래는 꿀과 엿기름이 섞인 덩어리를 사람의 손으로 16,000가닥 정도의 꿀실로 뽑아낸 것이기 때문에 많이 달지 않고 입에 달라붙지 않았어요. 덩어리를 길게 잡아당겨서 늘인 후에 양

끝을 합하면 2가닥이 되고, 이것을 다시 늘여서 합하면 4가닥, 똑같은 방법을 반복하면 8가닥, 16가닥으로 계속 늘어나죠. 짜장면의 면발을 만드는 것과 똑같아요. 그럼 16000가닥으로 만들려면 늘였다 합치는 손동작을 몇 번이나 해야 할까요?

10번을 반복하면 1024가 되고, 이후 한 번씩 늘일 때마다 2048, 4096, 8192, 16384로 늘어나요. 그러니까 14번을 늘였다 합쳤다 하면 16000가닥 이상의 꿀실이 만들어져서 입안에서 사르르 녹는 꿀타래를 만들 수 있어요.

꿀타래

이렇게 똑같은 수를 계속하여 곱하는 것을 **거듭제곱**이라고 해요. 2를 2번 곱할 때는 $2 \times 2 = 2^2$, 2를 3번 곱할 때는 $2 \times 2 \times 2 = 2^3$으로 쓰면 간단하고 편리해요. 그러므로 2를 10번 곱할 때는 $2 \times 2 \times 2 \times 2 \times 2 \times 2 \times 2 \times 2 \times 2 \times 2 = 2^{10}$이라고 간단히 쓰기로 약속합니다. 이때 2를 거듭제곱의 **밑**, 2를 곱한 횟수인 2, 3, … 10을 **지수**라고 부르죠.

보통 수를 세는 말은 **수사**라고 부르는데 하나, 둘, 셋 등 간단한 수는 우리나라 고유어지만 억 이상의 수들은 중국과 인도의 말이 혼합되어 있어요.

### 3. 편리한 수의 표시법: 악마 같은 지수 이야기

옛날에 넓은 땅을 가진 구두쇠 부자 영감이 살았어요. 어느 날 꾀 많은 청년이 부자 영감을 찾아가서 "이 집에서 일하게 해 주신다면 품삯을 아주 조금만 받을 테니 부디 저를 영감님 댁 일꾼으로 써 주십시오."라고 말했어요. 그러면서 청년은 다음과 같이 조건을 내걸었어요. "첫날은 단지 쌀 1톨을 주시고, 다음 날은 2톨, 그다음 날은 그 2배인 4톨, 그다음 날 역시 그 2배인 8톨을 주십시오. 이런 식으로 1년만 여기서 일하도록 해 주십시오."라고 말했답니다. 부자 노인은 쌀 1톨, 2톨이라는 말에 그만 홀딱 넘어갔어요. 청년의 조건을 당장 수락하고 1년이 지나면 약속대로 쌀을 준다는 계약서에 도장을 찍었지요. 드디어 1년 후 품삯을 계산하는 날이 다가왔어요. 처음엔 1톨, 다음엔 2톨, 그다음엔 4톨, 8톨, 16톨, …… 이런 식으로 계속 반복하여 쌀을 계산하였지요. 그런데 이럴 수가! 왜 쌀알이 기하급수적으로 불어나는 걸까요?

우리가 직접 계산을 해 볼까요?

1일 : 1알$=2^0$

2일 : 2알$=2^1$

3일 : 4알$=2^2=2^{3-1}$

4일 : 8알$=2^3=2^{4-1}$

5일 : 16알$=2^4=2^{5-1}$

$\vdots$

10일 : $2^{10-1}=2^9=512$

$\vdots$

30일 : $2^{30-1}=2^{29}=536{,}870{,}912$

사실은 이처럼 거듭제곱 형식으로 쌀알이 불어나는 계약이었는데, 부자 노인은 미처 몰랐던 거예요. 결국 부자 노인은 전 재산을 다 내놓을 수밖에 없었다고 해요.

지수는 원래 이렇게 갑자기 폭발적으로 증가하는 수입니다. 옛날 사람들은 이 성질을 잘 모르고 처음에는 가볍게 생각했다가 나중에는 결국 혼쭐이 나곤 해서 지수를 '**악마의 수**'라고도 불렀답니다.

**더 알아보기** **지수 표시의 예**

천문학에서는 엄청나게 큰 수를 다루고, 반대로 물리학의 원자론에서는 아주 작은 수를 다룹니다. 이때 지수를 사용하면 매우 간단해진답니다.

1. 지구에서 태양까지의 거리: 약 $1.5 \times 10^8$km
2. 1광년(빛이 1년 동안 가는 거리): 약 $9.46 \times 10^{12}$km
3. 수소 원자의 질량: 약 $1.7 \times \dfrac{1}{10^{24}}$ (또는 $1.7 \times 10^{-24}$)g

지수는 현대 과학의 매우 중요한 도구라서 만약 과학자가 지수를 사용하지 않는다면, 제대로 연구를 하는 데 무척 어려울 수도 있어요. 20,000,000,000 또는 0.0000000002와 같이 한눈에 들어오지 않는 큰 수를 지수로 표시하면 0을 몇 번 곱한 것인지, 또 10으로 몇 번 나눈 것인지를 쉽게 알 수 있어요.

$$2 \times 10 \times 10 \times 10 \times 10 \times 10 \times 10 \times 10 \times 10 \times 10 \times 10$$
$$= 2 \times 10^{10}(2에 \ 10을 \ 10번 \ 곱한 \ 수)$$
$$0.0000000002 = \frac{2}{10000000000}$$
$$= \frac{2}{10^{10}} = 2 \times 10^{-10}(2를 \ 10으로 \ 10번 \ 나눈 \ 수)$$

## ㄴ. 소수란 무엇일까?

정사각형 모양 카드 6장이 있어요. 이 카드를 가지고 직사각형 모양을 만드는 방법은 모두 몇 가지일까요? 만약 카드가 5장일 때는 어떻게 다를까요?

6장의 카드는 4가지 방법으로 배열할 수 있고, 5장의 카드는 2가지 방법밖에 없지요. 즉 6=6×1, 2×3, 3×2, 1×6으로, 5=1×5, 5×1로 나타낼 수 있어요. 그러나 6×1과 1×6은 같은 모양이에요. 곱하기에서는 교환법칙이 성립하기 때문이지요. 또한 2×3과 3×2도 똑같은 모양이므로 6장의 카드를 배열하는 방법은 모두 2가지예요. 이때 2와 3은 6의 약수이지요. 이와 마찬가지로 생각해 보면 5는 1과 자기 자신만을 약수로 가지고 있어요. 이처럼 1과 자기 자신만을 약수로 갖는 수를 **소수**라고 합니다.

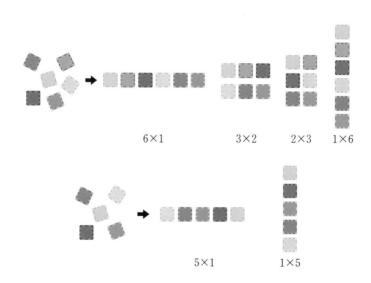

6×1          3×2          2×3          1×6

5×1                1×5

그럼 1에서 50까지의 자연수 중에서 소수를 한번 찾아볼까요?

① 1은 소수가 아니므로 지워요.

② 소수 2는 남기고, 2의 배수를 모두 지워요.

③ 소수 3은 남기고, 3의 배수를 모두 지워요.

④ 소수 5는 남기고, 5의 배수를 모두 지워요.

⑤ 소수 7은 남기고, 7의 배수를 모두 지워요.

위 과정을 다 끝내면 결국 2, 3, 5, 7, 11, 13, 17, 19, 23, 29, 31, 37, 41, 43, 47만 남게 돼요.

| 1̸ | 2 | 3 | 4̸ | 5 | 6̸ | 7 | 8̸ | 9̸ | 1̸0̸ |
|---|---|---|---|---|---|---|---|---|---|
| 11 | 1̸2̸ | 13 | 1̸4̸ | 1̸5̸ | 1̸6̸ | 17 | 1̸8̸ | 19 | 2̸0̸ |
| 2̸1̸ | 2̸2̸ | 23 | 2̸4̸ | 2̸5̸ | 2̸6̸ | 2̸7̸ | 2̸8̸ | 29 | 3̸0̸ |
| 31 | 3̸2̸ | 3̸3̸ | 3̸4̸ | 3̸5̸ | 3̸6̸ | 37 | 3̸8̸ | 3̸9̸ | 4̸0̸ |
| 41 | 4̸2̸ | 43 | 4̸4̸ | 4̸5̸ | 4̸6̸ | 47 | 4̸8̸ | 4̸9̸ | 5̸0̸ |

이 방법은 고대 그리스의 수학자 에라토스테네스가 고안한 것입니다. 음식의 재료에 섞인 불순물을 체로 쳐서 걸러 낸 자연수에서 소수만 걸러 냈다고 해서 **에라토스테네스의 체**라고 부른답니다.

**약속**

수학에서 1은 소수가 아니라고 약속한다. 그 이유는 소인수분해를 배운 다음에 설명하기로!

## 5. 소인수분해란 무엇일까?

에라토스테네스의 체로 소수를 걸러 내면, 4, 6, 8, 9, 10, 12 … 등이 남아요. 이와 같이 소수가 아닌 수를 **합성수**라고 부릅니다. 즉 합성수는 약수를 가지고 있는 수이지요. 다시 말해서 자연수는 소수와 합성수로 구성되었다고 말할 수 있어요.

소수는 수의 세계에서 '원자'와 같은 역할을 하고 소인수분해는 분수의 약분에도 도움이 되지요. 또 현대 사회에서 소수는 개인의 정보부터 기업과 국가의 보안 문제까지 컴퓨터 보안 프로그램의 중요한 도구이기도 합니다.

더 알아보기 **소인수분해가 왜 편리할까요?**

소인수분해는 약수를 구할 때 편리해요. 소인수분해로 45의 약수를 구해 봐요. 우선 45를 3으로 나누면 15가 남고, 다시 3으로 나누면 5가 돼요. 즉 $45=3\times3\times5=3^2\times5$이지요. 이때 다음과 같이 표를 만들어서 구하면 편리합니다.

|  | 1 | 5 |
|---|---|---|
| 1 | $1\times1$ | $1\times5$ |
| 3 | $3\times1$ | $3\times5$ |
| $3^2$ | $3^2\times1$ | $3^2\times5$ |

$3^2$의 약수는 1, 3, $3^2$이고, 5의 약수는 1, 5이므로 가로 칸에 1, 5, 세로 칸에 1, 3, $3^2$을 쓰고 각각 곱하기를 하면 모두 6개의 약수가

구해지지요. 따라서 45의 약수는 1×1＝1, 1×5＝5, 3×1＝3, 3×5＝15, $3^2$×1＝9, $3^2$×5＝45, 모두 6개입니다.

같은 수학 개념이더라도 표시하는 방법에 따라 훨씬 쉽게 이해되고 효율적으로 생각할 수 있다는 점이 바로 수학의 묘미예요.


## 6. 최대공약수와 그 응용

소풍 때 게임에서 이긴 사람에게 줄 선물을 포장하려고 합니다. 사탕 36개, 과자 48개를 가능한 한 많은 사람들에게 똑같이 나누어 주려고 한다면 선물 상자는 몇 개를 만들 수 있을까요? 이때 선물 한 상자에 담을 사탕과 과자의 수는 각각 몇 개일까요?


**생각 열기** 이런 문제를 생각할 때는 앞에서 배운 소인수분해를 활용해야 합니다. 36을 소인수분해하면 $2^2$×$3^2$이 되고, 48을 소인수분해하면 $2^4$×3입니다. 이때 36과 48의 공통인 약수는 $2^2$×3＝12이므로 12개의 상자에 각각 사탕은 3개씩, 과자는 4개씩 담으면 되지요.

**약속**

두 수의 공약수가 1밖에 없는 경우 두 수를 서로소라고 한다.

## 7. 최소공배수와 그 응용

 태양계의 행성 중에서 지구, 목성, 토성은 태양의 주위를 한 바퀴 도는 데 각각 약 1년, 12년, 30년이 걸립니다. 1982년에는 지구와 목성, 토성이 태양과 일직선이 된 적이 있었다고 해요. 그렇다면 그다음에 세 행성의 위치가 일직선이 되는 때는 언제일까요?

**생각 열기** 지구와 목성, 토성의 공전 주기가 각각 1년 12년, 30년이므로 각각의 배수를 구하여 가장 작은 최소공배수를 구하면 됩니다.

즉 1의 배수는 1, 2, 3, 4, …, 50, …, 60, …, 120, …, 180, …

12의 배수는 12, 24, 36, 48, 60, 72, 84, …, 120, …, 180, …

30의 배수는 30, 60, 90, 120, …, 180, … 입니다.

공배수는 60, 120, 180, …으로 계속되고 그 가운데 가장 작은 수가 중요하답니다. 왜 그럴까요? 공배수 중에서 가장 큰 최대공배수는 어떠한 수든지 끝없이 계속되므로 별로 의미가 없기 때문이지요. 따라서 공배수에서는 최소공배수가 중요하며, 이 문제의 답은 60이 돼요. 즉, 약 60년 뒤인 2042년에 지구와 목성, 토성이 태양과 다시 일직선으로 되지요.

최대공약수와 최소공배수를 구할 때 앞에서 배운 소인수분해를 이용하면 매우 편리해요. 예를 들어 $2^2 \times 3$과 $2 \times 3 \times 7$의 최대공약수와 최소공배수를 한번 구해 볼까요?

인수분해가 된 모양으로 수가 주어졌을 때는 먼저 인수들의 지수를 확인해요. 그런 다음 최대공약수를 구할 때는 공통된 인수에서 지수가 작은 수들을 택하고, 최소공배수를 구할 때는 인수들이 큰 수를 택하여 그 수를 모두 곱하면 됩니다. 즉 최대공약수는 $2 \times 3 = 6$이고, 최소공배수는 $2^2 \times 3 \times 7 = 84$이지요.

다시 정리하면 약수 중에서는 가장 큰 수인 최대공약수를 구하는 것이 중요해요. 왜냐하면 **가장 작은 공약수는 늘 1이기 때문이지요.**

공배수는 공약수와 반대로 가장 작은 최소공배수에 의미가 있고 그만큼 많이 활용되지요. 지금부터 꼭 기억하세요. 공약수는 가장 큰 것, 공배수는 가장 작은 게 중요해요!

## 8. 십진법과 이진법

십진법은 고대 이래로 지금까지 사용된 편리한 진법이에요. 물론 고대 사람들이 지금 우리처럼 숫자를 사용한 것은 아니었어요. 이집트인들이 사용했던 숫자를 살펴볼까요? 그들의 문화는 나일 강을 생각하지 않고는 이해할 수 없어요. 이집트인들은 나일 강가에 많이 자라던 갈대인 파피루스로 종이를 만들었고, 숯과 고무액을 적당히 섞어서 잉크를 만들었으며, 갈대 펜을 필기구로 사용했어요. 이집트인의 숫자는 쓴 것이 아니라 그렸다고 봐도 좋아요. 100을 표시하는 숫자는 파피루스로 만든 새끼줄 타래가 약간 풀린 모양이고, 1000은 나일 강가에 많은 연꽃으로 표시했어요. 10000은 파피루스의 싹과 같은 모양이에요. 어떤 사람들은 둘째손가락의 손톱 모양이라고 말하기도 한답니다! 10만은 역시 나일 강에 엄청나게 많은 개구리나 올챙이를 이용해서 표시했어요.

| 숫자 | 이집트 숫자 | 따온 모양 | 의미 |
|---|---|---|---|
| 1 | | | | | 수직 막대기 또는 한 획 |
| 10 | ∩ | ∩ | 사람의 손 모양 |
| 100 | ℮ | ? | 두루마리 또는 새끼줄 타래 |
| 1000 | | | 연꽃 |
| 10000 | | | 가리키는 손가락 |
| 100000 | | | 올챙이 또는 개구리 |
| 1000000 | | | 우주를 지배하는 신 또는 기도하는 사람 |

그럼 3652를 이집트 숫자로 한번 써 볼까요?

여기서 우리가 알아야 할 것은 3000은 1000을 3개 그렸고, 600은 100을 6개, 50은 10을 5개, 2는 1을 2개 그렸다는 점이지요. 다시 말해서 '$3652=3\times1000+6\times100+5\times10+2\times1=3\times10^3+6\times10^2+5\times10^1+2\times1$'로 나타낼 수 있어요. 이때 3의 자릿값은 $10^3$, 6의 자릿값은 $10^2$, 5의 자릿값은 $10^1$, 2의 자릿값은 1입니다. 이처럼 수의 자리가 하나씩 올라감에 따라 각 자릿값이 10배씩 커지도록 수를 나타내는 방법을 **십진법**이라고 해요. 또한 위와 같이 나타낸 식을 **십진법의 전개식**이라고 하지요.

우리 생활의 필수품인 컴퓨터와 스마트폰에는 이진법의 원리가 숨어 있어요. 전기나 전자를 사용하는 기계는 on과 off 또는 yes와 no 두 가지로 판별되므로 결국 이진법이 되는 것이지요. 이진법에서는 0과 1 이외의 숫자는 사용하지 않으므로 $1+1=10$이 되며 십진법에서처럼 일의 자리, 십의 자리, 백의 자리라고 하지 않고 일의 자리, 2의 자리, 4의 자리, 8의 자리 등으로 2의 거듭제곱 자리가 계속된답니다.

이진수 $1=1\times2^0=1$(십진수)

이진수 $10=1\times2^1+0\times2^0=2+0=2$

이진수 $11=1\times2^1+1\times2^0=2+1=3$

이진수 $100=1\times2^2+0\times2^1+0\times2^0=4+0+0=4$가 됩니다.

다음 표를 보면 쉽게 알 수 있어요.

| 십진법 | | 이진법 | | | |
|---|---|---|---|---|---|
| 10의 자리 | 1의 자리 | $2^3$의 자리 (8의 자리) | $2^2$의 자리 (4의 자리) | $2^1$의 자리 (2의 자리) | $2^0$의 자리 (1의 자리) |
| | 1 | | | | 1 |
| | 2 | | | 1 | 0 |
| | 3 | | | 1 | 1 |
| | 4 | | 1 | 0 | 0 |
| | 5 | | 1 | 0 | 1 |
| | 6 | | 1 | 1 | 0 |
| | 7 | | 1 | 1 | 1 |
| | 8 | 1 | 0 | 0 | 0 |
| | 9 | 1 | 0 | 0 | 1 |
| 1 | 0 | 1 | 0 | 1 | 0 |

　또한 이진법은 '—'와 '·'로만 신호를 보내는 모스 부호의 원리와도 같고, 동양철학에서 주역의 원리와도 같아요.

　그럼 십진수 26을 이진수로 한번 고쳐 볼까요? 위의 표를 모두 기억할 수는 없으니까 간단히 구하는 방법을 소개할게요.

$$
\begin{array}{r}
(\text{몫}) \qquad\qquad (\text{나머지}) \\
2\,)\,\underline{26} \qquad\qquad\qquad\quad \\
2\,)\,\underline{13} \quad \cdots\cdots\ 0(2^0\text{의 자리}) \\
2\,)\,\underline{\ 6\ } \quad \cdots\cdots\ 1(2^1\text{의 자리}) \\
2\,)\,\underline{\ 3\ } \quad \cdots\cdots\ 0(2^2\text{의 자리}) \\
2\,)\,\underline{\ 1\ } \quad \cdots\cdots\ 1(2^3\text{의 자리}) \\
0 \quad \cdots\cdots\ 1(2^4\text{의 자리})
\end{array}
$$

먼저 26을 2로 나누면 몫이 13이고 나머지는 0이 돼요. 다시 13을 2로 나누면 몫이 6이고 나머지는 1, 6을 2로 나누면 몫이 3이고 나머지는 0, 3을 2로 나누면 몫이 1, 나머지가 1이 되고, 마지막으로 몫 1을 2로 나누면 몫이 0이 되면서 나머지는 1이 되는 셈입니다. 이때 나머지들을 그림처럼 화살표 방향으로 차례로 적으면 이진수가 얻어지지요. 즉 십진수 26은 이진수 11010이 되며, $11010_{(2)}$라고 표시합니다.

$11010_{(2)} = 1 \times 2^4 + 1 \times 2^3 + 0 \times 2^2 + 1 \times 2^1 + 0 \times 2^0$과 같이 나타낼 수 있는데 이처럼 2의 거듭제곱을 써서 나타낸 식을 **이진법의 전개식**이라고 하지요.

이때 $2^1 = 2$, $2^0 = 1$이므로, $11010_{(2)} = 1 \times 2^4 + 1 \times 2^3 + 0 \times 2^2 + 1 \times 2 + 0 \times 1$이라고 써도 좋아요.


## 9. 역사적 배경: 숫자 0의 발견

옛날 이집트인은 ㅣ을 10개 묶어 ∩로 표시했어요. 옛날 중국인은 一을 5개 묶어서 五, 10개 묶어서 十으로 나타냈지요. 그때까지 그들은 0의 기호를 몰랐고 십진법을 표시할 수 없었기 때문에 그런 식으로 나타낸 것이지요.

자연수는 주변에 있는 간단한 물건의 수를 셈하는 데서 탄생했지만, 0개를 셈하는 일은 없었으므로 0을 더하고 빼는 일은 별 의미가 없다고 생각했어요. 어느 누구도 0개의 물건을 사기 위해 가

게에 가는 사람은 없으니까요. '필요는 발명의 어머니'라는데 굳이 필요 없는 수 0을 생각할 일이 없었던 것이지요. 그러나 실제로 0 없이는 뺄셈을 제대로 계산할 수 없었기 때문에 오랜 생각 끝에 만들어진 것이 바로 0이랍니다. 즉 0은 자연히 발생한 것이 아니에요. 하지만 0은 자연수가 할 수 없는 매우 중요한 역할을 한답니다. 0이 없었기 때문에 중국, 로마를 비롯한 고대의 어느 나라 숫자도 자리를 잡을 수가 없었어요.

0을 이용한 십진법, 즉 십진 기수법과 다른 수를 비교해 봅시다.

십진 기수법 1302
중국 숫자의 수 표시 千三百二
로마식 수 표시 MCCCII

이처럼 십진(기수)법 이외의 수에는 0이 없었고, 역으로 0이 없었기 때문에 십진 기수법이 나올 수 없었어요. 중국 숫자는 수가 커지면 백, 천, 만이라는 식으로 새로운 수의 이름과 숫자를 함께 만들어 가야 했어요. 하지만 수의 자리가 단위를 표시하는 십진 기수법은 1, 2, … 9에다 0까지 단 10개의 숫자만으로 이 세상의 모든 수를 표시할 수 있지요.

2000300004567을 중국식 표기로 나타내면 이조삼억사천오백육십칠(二兆三億四千五百六十七)입니다. 쓰기도 불편할 뿐만 아니라 더 중요한 것은 필산을 할 수 없다는 점이에요. 우리는 초등학교 때부터 필산을 해 왔으므로 그 고마움을 미처 모를 수도 있지만, 다음 두 덧셈 방식을 비교해 보면 한눈에 알 수 있어요.

| | | |
|---|---|---|
| 3052＋205 | 3052<br>＋　 205<br>3257 | 三千五十二<br>＋　　二百五<br>? |

이처럼 십진법이 등장하기 전에는 주판과 같은 계산판을 사용해야만 했어요. 현재는 세계 모든 나라가 십진법을 사용해요. 0은 인도에서 처음 발견하였고, 편리함을 알아차린 아라비아 상인에 의해 유럽으로 전해졌어요. 그 후 유럽의 선교사들이 중국에 소개하였고, 우리나라에는 개화기 때 십진법이 들어왔답니다.

## 10. 이진법이 현대 생활에서 매우 중요한 이유?

컴퓨터 안에는 수백만 개의 아주 작은 전기회로가 있는데, 이것은 켜지면 1, 꺼지면 0을 나타낸답니다. 컴퓨터 작업에는 숫자뿐만 아니라 알파벳, @, *, # 같은 특수 부호들도 많이 사용돼요. 숫자를 이진법으로 고치는 방법은 앞에서 배웠으니 이제 알파벳을 어떻게 이진법으로 나타내는지 알아봐요.

우선 알파벳 하나하나마다 숫자를 하나씩 배정해요. A는 010000001, B는 010000010, C는 010000011로 표시합니다. 똑똑한 친구들은 벌써 원리를 알아차렸을 것 같아요. D를 이진수로 표시하려면? 마지막 끝의 숫자 11보다 큰 이진수는 100이므로 010000100이 됩니다. 이런 식으로 계속 대응을 하면 수학에서 가장 많이 사용되는 문자 X, Y, Z는 어떻게 표시될까요? 수학머리를 굴려서 한번 유추해 볼까요?

 **생각 열기**

영어 알파벳은 26글자이죠!

그러므로 X, Y, Z가 알파벳의 24, 25, 26번째이므로 이진수로 24, 25, 26을 구하면 돼요.

$$24 = 1 \times 2^4 + 1 \times 2^3 + 0 \times 2^2 + 0 \times 2 + 0 \times 1 = 11000_{(2)}$$

$$25 = 1 \times 2^4 + 1 \times 2^3 + 0 \times 2^2 + 0 \times 2 + 1 \times 1 = 11001_{(2)}$$

$$26 = 1 \times 2^4 + 1 \times 2^3 + 0 \times 2^2 + 1 \times 2 + 0 \times 1 = 11010_{(2)}$$

즉 X＝010011000, Y＝010011001, Z＝0100110100 란니다.

여기서 잠깐!

어떤 똑똑한 학생이 "알파벳이 26개인데 이진수를 5자리로 표시하면 되지, 9자리로 길게 표시할 필요가 있나요?"라고 질문할 수도 있답니다. 물론 알파벳은 모두 26개예요. 하지만 소문자, 대문자도 있고 특수문자까지 모두 표시하려면 5자리보다는 9자리 이진수를 사용하는 것이 더 낫지요. 자, 이쯤 설명했으니 컴퓨터의 자판이나 스마트폰의 이진법의 원리가 보다 더 구체적으로 이해되었겠죠?

개념다지기 문제 1 **이탈리아의 수학자 피보나치가 만든 '로마로 가는 길'이라는 문제를 풀어 봅시다.**

> 7명의 사나이가 각각 당나귀를 7마리씩 몰고 로마로 떠났어요. 당나귀마다 주머니를 7개씩 올려놓았고, 주머니마다 7개의 큰 빵을 넣었어요. 그리고 빵마다 작은 칼을 7개 꽂았고, 작은 칼마다 칼날 7개를 갖고 있다고 합니다.
>
> 사나이, 당나귀, 주머니, 빵, 작은 칼, 칼날의 각각의 수와 총합을 구해 보시오.

사나이가 7명이고 각자 당나귀 7마리씩을 몰고 가므로

당나귀 : $7 \times 7 = 7^2 = 49$마리

주머니 : $7 \times 7 \times 7 = 7^3 = 343$개

빵 : $7 \times 7 \times 7 \times 7 = 7^4 = 2401$개

작은 칼 : $7 \times 7 \times 7 \times 7 \times 7 = 7^5 = 16807$개

칼날 : $7 \times 7 \times 7 \times 7 \times 7 \times 7 = 7^6 = 117649$개

총합은 $7 + 49 + 343 + 2401 + 16807 + 117649 = 137256$이 된답니다.

**개념다지기 문제 2** 우리나라에 대한 정보를 외계인에게 보내고 싶은데 뭐니뭐니해도 대한민국의 상징은 태극기가 아니겠어요? 태극기의 4괘는 음을 —로, 양을 +로 표시한 이진법의 원리로 만들었다고 하지요. 그럼 외계인에게 메시지를 보내기 위해 태극기를 이진법으로 표현해 봅시다.

**풀이** 태극기를 2진법 수로 나타내면 $111_{(2)}$, $101_{(2)}$, $010_{(2)}$, $000_{(2)}$이 되어요.

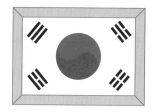 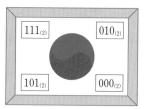

앞에서 이진법은 모스 부호의 원리와 같다고 했어요. 모스 부호처럼 ―를 1로, ―를 0으로 생각한다면 건(☰)은 $111_{(2)}$, 곤(☷)은 $101_{(2)}$, 감(☵)은 $010_{(2)}$, 리(☲)는 $000_{(2)}$이 되어서 위와 같은 태극기가 만들어져요.

# 제2장
## 정수와 유리수

## 1. 정수는 왜 필요할까?

우리는 엘리베이터를 타고 지하 1층, 2층으로 내려갈 때는 B1, B2를 선택합니다. B1, B2는 Basement 1, Basement 2라는 의미인데 숫자로는 $-1$, $-2$에 해당하죠. 위로 올라가는 방향을 양의 방향으로 생각하고, 아래로 내려가는 방향을 음의 방향으로 생각하면 편리하기 때문에 정한 약속이지요. 그러나 수학에서는 수직선 위에 좌표를 표시할 때 기준이 되는 곳을 0으로 정하고 오른쪽 방향을 $+$, 왼쪽 방향을 $-$로 정하여 사용한답니다. 수직선에는 0이 있는데 왜 아파트에는 0층이 없을까요?

수학적으로 엄격히 말하면 아파트 층수도 0층이 있어야 하겠지요. 그러나 층수는 편리함 위주로 정한 약속이에요. 주거의 층수

는 첫째, 둘째 층이라는 뜻으로 1층, 2층으로 생각하고, 아파트 층
수는 0층 없이 1층부터 시작을 하며, 지하를 가진 호텔에서는 로
비가 있는 0층을 L층으로 표시하기도 하지요.

위의 예처럼 우리가 흔히 사용하는 자연수 1, 2, 3, 4, … 앞에
는 + 기호가 생략된 것으로 +1, +2, +3, +4, …로 나타낼 수
있으며, +를 **양의 부호**라고 부릅니다. 또 −1, −2, … 와 같이 숫
자 앞의 −는 **음의 부호**라고 불러요. 자연수는 **양수**이며, 음의 부
호가 있는 수는 **음수**라고 부르는데 양수와 음수 사이에서 수직선
의 기준이 되는 수가 곧 0이지요. 양의 부호 +는 **플러스**로 음의

부호 −는 **마이너스**로 읽어요.

초등학교에서 배우는 수는 0과 양수뿐이었어요. 하지만 중학 수학에서 맨 먼저 마주치는 문제는 작은 수에서 큰 수를 빼면 어떻게 되느냐 하는 거예요.

더 알아보기 **음수의 등장**

음수에는 두 가지 의미가 있어요. 첫째는 부족하다, 둘째는 반대를 뜻합니다. 500원짜리 물건을 300원으로 사려면 200원이 부족해요. 즉 −200원이에요.

17세기의 대수학자 파스칼 같은 사람도 5−7=0이라고 했답니다. 음수를 몰랐던 당시 유럽에서는 −의 답을 모두 0이라고 했지요.

사실 양수의 반대는 음수예요. 그리고 음수의 반대는 '양수의 반대의 반대'이므로 양수가 돼요. 즉 '음수×음수'는 양수랍니다. 이처럼 수학은 음수를 편입시키면서 새로운 세계를 열었어요.


## 2. 정수끼리의 덧셈

외국 여행을 할 때는 시차를 조심해야 해요. 출발하는 우리나라의 시각과 도착하는 현지 시각의 차이를 한꺼번에 볼 수 있도록 만든 편리한 시계가 바로 듀얼시계이지요. 손목시계 하나로 한국과 다른 나라의 시각을 동시에 알 수 있는 편리한 시계랍니다. 그런데 시차는 왜 생기는 것일까요?

우리나라가 낮일 때 지구 반대편에 있는 나라는 밤이고, 우리가 밤일 때 그곳은 낮이에요. 그렇다면 낮과 밤이 반대로 되는 이유는 무엇일까요? 그건 바로 지구가 하루에 한 번씩 자전을 하기 때문이에요. 이렇게 낮과 밤이 다른 지구의 시각을 통일성 있게 나타내려면 어떻게 해야 할까요? 사람들은 이 문제를 해결하기 위해 지구본 위에 실제 지구에는 없는 위선과 경선을 그려 넣었어요. 좌표평면의 가로축과 세로축처럼 편리함을 위해서 상상하여 그려 넣은 것이지요.

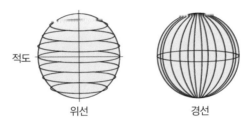

적도

위선

경선

그럼 시차의 원리를 공부해 볼까요? 우선 지구본 위에 가로선인 위선과 세로선인 경선을 그었다고 생각해 봐요. 위선은 0부터 +90과 −90까지 모두 180개로 나누고, 경선은 0부터 360까지로 나눕니다. 위선은 위도 0을 적도로 정한 후에 북위 90도, 남위 90도까지 나누고, 경선은 영국의 그리니치 천문대를 경도 0으로 정한 후에 동쪽으로는 동경 180도, 서쪽으로는 서경 180도까지 범위를 정해요. 경선 360도를 24시간으로 나누어 15도마다 1시간씩 증가하도록 시각을 정하였더니, 이런! 문제가 발생했어요! 그리니치 천문대의 시각을 0시라고 했을 때 동경 180도와 서경 180도가 만나는 지점이 문제가 된 거죠! 동쪽 방향으로 계산하니

낮 12시가 되었고, 서쪽 방향으로도 역시 낮 12시가 되었어요. 하지만 동쪽을 +방향으로 생각할 때 서쪽은 하루 전날인 낮 12시입니다. 그래서 결정하기를 동경 180도와 서경 180도가 만나는 경도를 날짜 변경선으로 명명하고, 이 지점을 지날 때 날짜를 하루 변경하기로 약속했답니다. 이처럼 음수는 우리 생활에 밀접하게 연결되어 있는 수학적 약속인 동시에 사회적 약속이기도 하답니다.

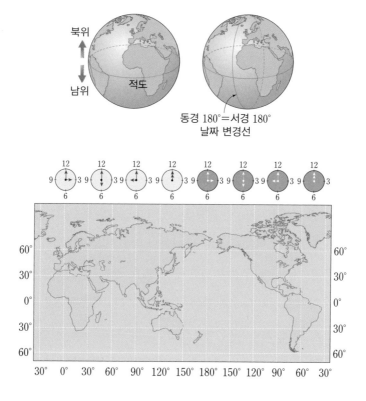

다음 표는 서울의 시각을 기준으로 세계 주요 도시의 시차를 나타낸 것입니다.

| 도시 | 뉴욕 | 런던 | 베이징 | 서울 | 시드니 |
|------|------|------|--------|------|--------|
| 시차 | $-14$ | $-8$ | $-1$ | $0$ | $+1$ |

서울의 현재 시각과 1시간 차이 나는 도시는 어디일까요? 바로 중국의 베이징과 오스트레일리아의 시드니입니다. 서울이 오전 10시라면 베이징은 한 시간이 늦은 오전 9시, 시드니는 한 시간이 빠른 오전 11시가 됩니다.

그럼 서울이 오후 3시일 때 런던의 시각은? 오후 3시는 초등학교 때 이미 15시라는 걸 배웠어요. 그러므로 $15-8=7$이므로 오전 7시이지요.

만약 서울이 오후 5시면 뉴욕의 시각은? 역시 5시를 17시로 고친 후 14를 빼면 오전 3시가 된답니다.

이제 한 가지만 더 생각하면 완전정복입니다. 서울이 오전 5시일 때 런던의 시각은? $5-8=$? 어라? 5에서 8을 뺄 수 있을까요? 그래서 음수의 개념과 정수의 덧셈과 뺄셈이 필요한 거랍니다.

우선 수에 대응하는 점을 수직선 위에 나타내어 봅시다.

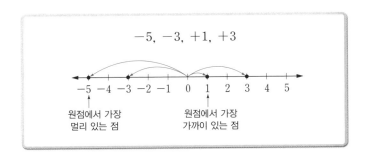

위 그림의 원점에서 가장 멀리 떨어져 있는 점은 −5이고, 가장 가까이 있는 점은 +1입니다. 주목할 것은 원점을 중심으로 플러스, 마이너스 부호에 관계없이 가장 큰 숫자가 가장 멀리 떨어져 있고, 가장 작은 수가 가장 가까이 있다는 것이지요. 이처럼 수직선 위에서 원점으로부터 어떤 수에 대응하는 점까지의 거리를 그 수의 **절댓값**이라고 부릅니다. 따라서 −3과 +3의 절댓값은 똑같이 3으로 기호로는 −3과 +3이라고 표시하며, $|+3|=3$, $|-3|=3$입니다. 그럼 0의 절댓값은 얼마일까요? 바로 $|0|=0$이지요.

정수의 나라에서 덧셈 놀이를 하려면 절댓값의 개념이 아주 중요하답니다. 양의 정수와 양의 정수를 더하는 것은 자연수와 자연수의 덧셈이므로 초등학교 1학년 수준이에요. 하지만 $(-3)+(-5)$와 같이 음의 정수와 음의 정수를 더할 때는 어떻게 계산하면 될까요?

**생각 열기**

−3, −5와 같이 부호가 같은 정수의 덧셈은 두 수의 절댓값을 먼저 구해야 해요. $|-3|=3$, $|-5|=5$이고 두 수의 합 8에다 공통의 부호를 붙입니다. 즉 $(-3)+(-5)=-8$인 거죠.

그러면 부호가 다른 덧셈, $(-3)+(+5)$는 어떻게 할까요? 두 수의 절댓값은 $|-3|=3$, $|+5|=5$인데 두 수의 부호가 달라요. 이럴 때는 두 절댓값의 차, $5-3=2$에다 절댓값이 큰 수의 부호를 붙여 줍니다. 즉 $(-3)+(+5)=+2$가 되어요.

다음은 $(+3)+(-5)$를 구해 봅시다. 역시 두 수의 부호가 다르므로 절댓값 $|+3|=3$, $|-5|=5$를 구하고 두 수의 차인 2에다 큰 수의 부호를 붙여요. 즉 $(+3)+(-5)=-2$가 돼요.

다음은 두 개가 아니라 하나 더 얹어서 세 개의 정수를 더하여 봅시다.

$(-3)+(+5)+(+3)$은 잠시 눈을 크게 뜨고 보면 $-3$과 $+3$이 눈에 들어오지요? 앞에서부터 더하려고 애쓰지 말고 $(-3)$과 $(+5)$의 순서를 바꾸어 보세요.

$$(-3)+(+5)+(+3)=(+5)+(-3)+(+3)$$

(∵ 정수의 덧셈은 교환법칙이 성립돼요.)

$$(+5)+\{(-3)+(+3)\}$$

(∵ $(-3)$과 $(+3)$을 결합하는 결합법칙이 성립돼요.)

위 식을 계산하면 $(+5)+0=+5$

(∵ $(-3)+(+3)$은 절댓값이 같으면서 부호가 다르므로 합이 0이에요.)

1. 부호가 같은 두 정수의 합은 두 수의 절댓값의 합에다 공통의 부호를 붙인다.

2. 부호가 다른 두 정수의 합은 두 수의 절댓값의 차에다 절댓값이 큰 수의 부호를 붙인다.

3. 교환법칙과 결합법칙을 사용하는 이유는 계산을 편리하게 하기 위해서이다.


## 3. 정수끼리의 뺄셈

수학에서 누가 크고 작은지를 비교하는 문제는 매우 중요하답니다. 수를 비교할 때 어떤 수가 더 큰지, 얼마나 큰지를 판단하는 것이 뺄셈입니다. 양수와 음수를 비교하자면 무조건 양수가 음수

보다 크지요. 그런데 양수가 얼마만큼 큰가를 알려면 좀 복잡해집니다. 양수에서 양수를 빼는 $(+5)-(+3)$과 같은 문제는 $5-3$과 같은 자연수의 뺄셈이므로 식은 죽 먹기예요. 그럼 지금부터는 양수에서 음수를 빼는 뺄셈의 원리를 생각해 볼까요?

'$3+2=5$'가 '$5-2=3$'이라는 것은 이미 알고 있어요. 그러므로 $(+3)+(+2)=(+5)$와 마찬가지로 $(+5)-(+2)=(+3)$이 성립합니다.

자, 여기에서 $(+5)+(-2)$를 생각해 봅시다.

$(+5)+(-2)$는 앞에서 공부한 대로 부호가 다른 두 정수의 합이므로, 절댓값의 차에다 큰 수의 부호를 붙여서 $(+5)+(-2)=(+3)$이었어요. 그리고 $(+5)-(+2)=(+3)$이고요.

여기에서 우리는 새로운 사실에 도달하게 되었어요. $(+5)+(-2)=(+5)-(+2)$인 것이지요. 따라서 $+5$에서 $-2$를 더하는 것은 $+5$에서 $+2$를 빼는 것과 같다는 사실입니다. 그래서 앞으로는 빼는 수의 부호를 바꾸어 더하기로 해요.

### 약속

두 수의 뺄셈은, 빼는 수의 부호를 바꾸어 덧셈으로 고쳐서 계산한다.

지금까지 우리는 양수에서 음수를 빼는 것을 생각했어요. 그렇다면 이번에는 무엇을 할 차례일까요? 맞아요. 음수에서 양수를 빼는 셈을 한번 해 보자고요. $(-5)-(+2)$는 얼마일까요?

앞에서 배운 대로 빼는 수의 부호를 바꾸어서 쓰면 $(-5)+(-2)$가 되므로 음수와 음수의 덧셈으로 바뀝니다. 따라서 두 절댓값의 합 7에다 공통의 부호 $-$를 붙여서 $(-5)+(-2)=-7$이 돼요. 그럼 마지막으로 생각해야 하는 것은 무엇일까요? 바로 음수에서 음수를 빼는 문제이지요. $(-5)-(-2)$를 계산해 보면 역시 앞의 원리대로 빼는 수의 부호를 바꾸어 덧셈으로 고칩니다. $(-5)-(-2)$ $=(-5)+(+2)$가 되었네요! 조금도 당황할 필요 없어요. 음수와 음수가 만나면 양수로 변한다는 사실만 기억하세요!

이제부터는 여러분도 할 수 있죠? $(-5)+(+2)=-3$이랍니다.

### 약속

괄호가 없는 식의 덧셈과 뺄셈은 괄호가 있는 식으로 고쳐서 생각하면 편리하다.

---

**더 알아보기** 수학에 음수가 있어야 하는 이유

(1) 작은 수에서 큰 수를 빼는 뺄셈을 할 수 있어요. 음수가 없다면 '3−5'와 같은 계산을 할 수 없지요. 그러나 음수가 있으면 가능해요. 즉 $3-5=-2$랍니다.

(2) 모든 뺄셈은 덧셈으로 바꾸어 생각할 수 있어요.

$2-(-3)=2+3=5$, $2-3=2+(-3)$

이처럼 뺄셈을 덧셈으로 계산하면 조금 더 쉬워요.

## 4. 정수의 곱셈

한 번에 5칸씩 뛰는 토끼가 깡총 1번 뛰었다면 $5 \times 1 = 5$예요.

만약 깡총깡총 2번 뛰었다면

$$5 \times 2 = 10$$

깡총깡총깡총 3번 뛰었다면

$$5 \times 3 = 15$$

그럼 토끼가 뛰지 않고 가만히 서 있다면 어디에 있을까요?

$$5 \times 0 = 0$$

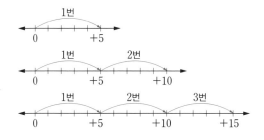

이번에는 반대 방향으로 생각해 봐요.

한 번에 5칸씩 뛰는 토끼가 깡총 뒤로 1번 뛰었다면 몇 칸 움직인 걸까요?

$5 \times (-1) = -5$(−5칸 움직인 것은 5칸 뒤로 간 것!)

이번에는 토끼가 깡총깡총 뒤로 2번 뛰었다면?

$5 \times (-2) = -10$(−10칸 움직인 것은 10칸 뒤로 간 것!)

토끼가 깡총깡총깡총 뒤로 3번 뛰었다면?

$5 \times (-3) = -15$(−15칸 움직인 것은 15칸 뒤로 간 것!)

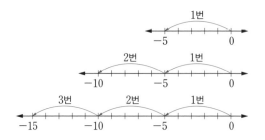

정리해 보면

$$(+5) \times (+3) = 15$$

$$(+5) \times (+2) = 10$$

$$(+5) \times (+1) = 5$$

$$(+5) \times 0 = 0$$

$$(+5) \times (-1) = -5$$

$$(+5) \times (-2) = -10$$

$$(+5) \times (-3) = -15$$

즉 (양의 정수) × (양의 정수) = 양의 정수

(양의 정수) × (음의 정수) = 음의 정수

여기까지 공부했다면 여러분은 정수의 곱셈을 반은 정복한 거예요. 이제 반만 더 공부하기로 해요.

바로 (음의 정수) × (양의 정수), (음의 정수) × (음의 정수)를 생각해 보는 거죠!

1분에 5m씩 쓸고 지나가는 로봇청소기가 왼쪽으로 움직인다면 1분 후의 위치에 대응하는 수는 얼마일까요?

수직선에서 오른쪽이라면 $(+5)$이지만 왼쪽은 $(-5)$를 나타내요. 즉 1분 후의 위치는 $(-5) \times (+1) = -5$예요.

그리고 이 로봇청소기가 계속해서 왼쪽으로 움직일 때 2분 후의 위치에 대응하는 수는?

$$(-5) \times (+2) = -10$$

다시 3분 후의 위치에 대응하는 수는?

$$(-5) \times (+3) = -15$$

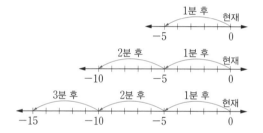

우리는 여기에서 한 가지 새로운 사실을 발견할 수 있어요. 왼쪽으로 5m씩 움직일 때 3분 후의 위치는 $(-15)$예요. 그런데 만약 로봇청소기가 오른쪽으로 5m씩 움직인다면 3분 전의 위치는 바로 $(-15)$와 같죠. 즉 $(-5) \times (+3) = (+5) \times (-3) = -15$인 거예요.

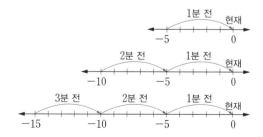

그러므로

$$(-5) \times (+1) = -5$$

$$(-5) \times (+2) = -10$$

$$(-5) \times (+3) = -15$$

$$(-5) \times (-1) = +5$$

$$(-5) \times (-2) = +10$$

$$(-5) \times (-3) = +15$$

즉, (음의 정수)×(양의 정수)=음의 정수

(음의 정수)×(음의 정수)=양의 정수

부호가 같은 두 수를 곱하면 절댓값의 곱에 +를 붙인 것이 되고,
부호가 다른 두 수를 곱하면 절댓값의 곱에 −를 붙인 결과가 돼요.
다음 문제를 한번 살펴볼까요?

$(-2) \times (+5) \times (-6)$

$= (+5) \times (-2) \times (-6)$ (∵ 교환법칙 사용)

$= (+5) \times \{(-2) \times (-6)\}$ (∵ 결합법칙 사용)

$= (+5) \times (+12)$ (∵ 음수와 음수의 곱은 양수!)

$= +60$

1. 부호가 같은 두 수의 곱은 두 수의 절댓값의 곱에 +를 붙인다.

2. 부호가 다른 두 수의 곱은 두 수의 절댓값의 곱에 −를 붙인다.

3. 정수의 곱셈에서도 교환법칙과 결합법칙이 성립한다.

4. 0이 아닌 양의 정수를 여러 개 곱하면 부호가 양의 부호 그대로이지만, 음의 정수를 여러 개 곱하면 부호가 교대로 바뀌는데 −가 홀수 개이면 −, 짝수 개이면 +이다.

## 5. 정수의 나눗셈

우리는 이제 정수를 더하거나 빼거나 곱할 수 있어요. 마지막으로 나눗셈만 하면 정수의 4칙 연산을 자유롭게 할 수 있는 거랍니다. 뺄셈을 배울 때 덧셈으로 설명하면 쉽게 이해되는 것처럼, 나눗셈 역시 곱셈으로 설명하면 훨씬 쉬워요.

잘 알다시피 $2 \times$ ♥$=6$이면 ♥$=6 \div 2$예요.

정수도 마찬가지랍니다.

$$(+2) \times (+3) = +6 이므로 +3 = (+6) \div (+2)$$
$$(-2) \times (+3) = -6 이므로 +3 = (-6) \div (-2)$$
$$(-2) \times (-3) = +6 이므로 -3 = (+6) \div (-2)$$
$$(+2) \times (-3) = -6 이므로 -3 = (-6) \div (+2)$$

여기서 새로운 원리를 발견해 볼까요? 곱셈과 마찬가지로 같은 부호의 정수로 나누면 두 절댓값을 나눈 몫에다 + 부호를 붙이면 돼요. 또한 다른 부호의 정수끼리 나눗셈을 하면 두 절댓값을 나눈 몫에다 - 부호를 붙이면 된답니다.

---

**약속**

1. 부호가 같은 두 수의 나눗셈은 두 수의 절댓값을 나눈 몫에 +를 붙인다.
2. 부호가 다른 두 수의 나눗셈은 두 수의 절댓값을 나눈 몫에 -를 붙인다.
3. 나눗셈에서는 0으로 나눌 수가 없다.

---

## 6. 음수 곱셈의 의미

음수는 7세기경 인도의 수학자 브라마굽타가 처음으로 수라고 생각하였어요. 그러나 사람들은 "뭐라고? 음수가 어디에 있어?"라고 말하며 엉터리라고 여겼죠. 그는 '그것은 물건이 아니다'라고 생각하고 +를 재산, -를 빚(부채)으로 설명했어요. 하지만 음수를 이용한 덧셈의 의미는 쉽게 설명이 되었지만 곱셈이나 나눗셈은 같은 방법으로 설명할 수가 없었죠.

곱셈이란 여러분도 잘 알듯이 '같은 수들이 여러 개 있을 때 모두를 한 번에 계산하는 것'이에요. 같은 수 여러 개를 한 덩어리로 보고 덩어리의 수를 계산한 것이죠.

$$(\text{한 덩어리의 양}) \times (\text{덩어리의 수}) = (\text{전체 양})$$

여기에서 덩어리의 양과 개수는 언제나 양수예요. 그러므로 곱하는 것은 양수라야 하고 '100원×100개'에 의미가 있어요. 그러나 음수를 빚으로 보면

(양수)×(음수)=(음수)이므로 (재산)×(부채)=(부채)
(음수)×(음수)=(양수)이므로 (부채)×(부채)=(재산)이 돼요.

(부채)×(부채)가 재산이 되고, (재산)×(부채)가 부채가 된다니 말도 안 되는 것 같죠? 하지만 당시 인도에서는 음수의 곱셈은 계

산할 때 필요한 것이라고 생각했을 뿐 현실적인 문제와는 결부시키지 않았어요. 처음 음수가 도입된 이유는 양수의 범위만으로는 자유롭게 계산할 수 없었기 때문이지, 재산 문제를 다루기 위해서는 아니었거든요. 계산할 때만 모순이 없으면 충분했죠.

$$(+) \times (+) = (+) \leftrightarrow (+) \div (+) = (+)$$
$$(+) \times (-) = (-) \leftrightarrow (-) \div (-) = (+)$$
$$(-) \times (-) = (+) \leftrightarrow (+) \div (-) = (-)$$
$$(-) \times (+) = (-) \leftrightarrow (-) \div (+) = (-)$$

위 법칙은 $\times$, $\div$의 위치를 바꿔도 아무런 모순이 없기 때문에 완전한 체계예요. 앞뒤가 모두 맞다는 뜻이죠.

### 더 알아보기 불능 $\left(\dfrac{a}{0}\right)$ 과 부정 $\left(\dfrac{0}{0}\right)$

왜 $a$를 0으로 나누면 안 될까요? 그것은 나눗셈이 곱셈의 역산이기 때문이에요. 가령 $12 \div 3 = \square$ 은 $\square \times 3 = 12$와 같지요. 물론 $3 \times \square = 12$에서 $\square$을 구해도 돼요.

마찬가지로 $4 \div 0 = \square$ 은 $0 \times \square = 4$의 값을 구하는 일이에요. 그러나 0에 무엇을 곱해도 4가 될 수는 없어요. 그러므로 "$4 \div 0$은 존재하지 않는다." 즉 답이 없기 때문에 불능이라고 말해요.

그럼 $\dfrac{a}{0}$가 불능이면 $\dfrac{0}{0}$은 무엇일까요?

0을 똑같은 0으로 나누었으니 $\dfrac{0}{0} = 1$이라고 답한 학생이 있었어요. (이런!) 위와 똑같이 생각해 보면 이 문제는 $0 \times \square = 0$이 되는 값 $\square$을 구하는 일이에요. 하지만 0에 어떤 수를 곱해도 0이 되기 때문에 $\square$은 0, 1, 2, 3 … 어떤 수라도 상관없죠. 이처럼 답을 꼭 하나로 정할 수 없기 때문에 부정(不定)이라고 말해요. 다시 말해서 $\dfrac{a}{0}$의 답은 없고, $\dfrac{0}{0}$의 답은 무한이라는 뜻이지요.

## 7. 유리수와 크기 비교

유리수의 크기를 비교하는 방법은 앞에서 배운 정수의 크기 비교와 똑같아요. 유리수의 절댓값도 수직선 위에서 어떤 수를 나타내는 점과 원점 사이의 거리를 나타내고, 유리수의 대소 관계도 수직선 위에 나타내었을 때 오른쪽에 있는 수가 왼쪽에 있는 수보다 크답니다. 이것을 염두에 두고 다음 상황을 한번 살펴볼까요?

**생각 열기** 지민이 아버지는 운동화를 만들어서 외국으로 수출하는 사업을 해요. 매일 아침 지민이 아버지는 신문의 경제면을 펼쳐서 무언가를 확인해요. 이를 궁금하게 여긴 지민이가 함께 신문을 보았더니 아래와 같은 표가 적혀 있었어요.

| 일 | 2일 | 3일 | 4일 | 5일 |
|---|---|---|---|---|
| 일일 환율 등락(원) | +2.4 | −3.6 | −1.8 | +2.9 |

지민 : 아빠, 이 표는 무얼 나타내는 거예요?

아빠 : 이건 원/달러 환율의 변화를 나타낸 거란다.

지민 : 그런데 왜 그걸 챙겨 보시는 거예요?

아빠 : 아빠가 공장에서 운동화를 만들어 미국에 팔려면 운동화의 가격표에 어떻게 표시해야 할까?

지민 : 그야, 당연히 달러로 표시해야죠.

아빠 : 그래, 맞아. 그런데 환율은 매일 바뀌기 때문에 수출할 때마다 상품 가격이 달라진단다. 수출량이 같아도 환율에 따라 금액이 늘어나기도 하고 줄기도 하거든. 그래서 이렇게 매일 챙겨 보는 거야.

지민 : 그런데 아빠, 표에 있는 부호는 증가하면 +, 감소하면 -로 표시한 거지요?

아빠 : 그렇지! 우리 지민이가 학교에서 양수, 음수를 배운 모양이구나.

**약속**

정수와 마찬가지로 소수나 분수에 +를 붙인 수를 양의 유리수, -를 붙인 수를 음의 유리수라고 해요.

## 8. 유리수의 덧셈과 뺄셈

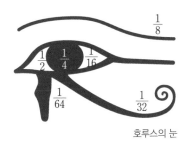

호루스의 눈

옆의 그림은 고대 이집트의 파피루스에 그려진 호루스 신의 눈이에요. 호루스 신은 세트 신과 싸워서 한쪽 눈이 산산조각이 났어요. 그러자 지혜의 신 토토가 $\frac{1}{2}$, $\frac{1}{4}$, $\frac{1}{8}$, $\frac{1}{16}$, $\frac{1}{32}$, $\frac{1}{64}$로 나누어진 호루스의 눈을 다 모은 다음 마지막에 어떤 분수를 더하여 호루스의 눈을 복원시켜 주었다고 해요. 지혜의 신인 토토가 마지막에 더한 분수의 크기를 한번 구해 볼까요?

$\dfrac{1}{2}+\dfrac{1}{4}+\dfrac{1}{8}+\dfrac{1}{16}+\dfrac{1}{32}+\dfrac{1}{64}$ 의 덧셈을 하려면 먼저 분모를 통분

해야겠죠? 2, 4, 8, 16, 32, 64의 최소공배수를 구하면 64가 돼요.

즉 분모를 64로 통분해야 하죠.

이제 $\dfrac{32}{64}+\dfrac{16}{64}+\dfrac{8}{64}+\dfrac{4}{64}+\dfrac{2}{64}+\dfrac{1}{64}=\dfrac{63}{64}$ 이 되었어요.

$\dfrac{63}{64}+\dfrac{1}{64}=1$ 이므로 지혜의 신 토토가 더한 분수는 $\dfrac{1}{64}$ 이에요.

이렇게 유리수의 덧셈은 정수의 덧셈과 똑같은 방법으로 하면 돼

요. 즉 부호가 같을 때는 두 수의 절댓값의 합에 공통인 부호를 붙

이고, 부호가 다른 경우에는 두 수의 절댓값의 차에 절댓값이 큰 수

의 부호를 붙이면 되죠. 유리수의 뺄셈은 빼는 수의 부호를 바꾸어

더하면 되고요.

**더 알아보기** **고대 이집트인들이 사용한 단위분수**

고대 이집트인들도 분수를 사용했어요. 그런데 특이한 점이 하나

있어요. 이집트인들은 분자가 1인 분수, 즉 단위분수만을 사용했

답니다.

그럼 분자가 1이 아닌 분수는 어떻게 나타내었을까요? 그들은 분

자가 1이 아닌 분수의 경우 분모가 서로 다른 단위분수의 합으로 나타내었어요.

즉 $\dfrac{3}{4}=\dfrac{1}{2}+\dfrac{1}{4}$로 표시했고, $\dfrac{5}{12}=\dfrac{1}{12}+\dfrac{1}{3}$, $\dfrac{7}{10}=\dfrac{1}{2}+\dfrac{1}{5}$로 나타내었어요.

## 9. 유리수의 곱셈과 나눗셈

국회는 나라의 중요한 정책과 법률을 결정하는 기관이에요. 국회에서 법률 제정안이 의결되려면, 전체 국회의원 수의 과반수가 출석하고, 출석 인원의 과반수가 찬성해야 해요. 2012년 4월 11일 실시한 국회의원 선거에서는 300명의 국회의원이 선출되었어요. 어떤 법률 제정안이 의결되기 위해 찬성해야 하는 국회의원이 최소 몇 명인지를 물었더니 두 학생이 다음과 같이 계산했어요. 두 친구의 계산 과정에서 다른 점은 무엇일까요?

**생각 열기**

수진 : 먼저 전체 국회의원 300명의 $\dfrac{1}{2}$이 출석하고 그 수의 $\dfrac{1}{2}$이 찬성해야 하므로 $\left(300\times\dfrac{1}{2}\right)\times\dfrac{1}{2}=150\times\dfrac{1}{2}=75$(명)이 찬성해야 합니다.

지수 : 찬성해야 하는 인원수가 전체 국회의원의 얼마만큼을 차지하는지 먼저 생각한 다음 국회의원 수를 곱하면 됩니다. 즉, $300\times\left(\dfrac{1}{2}\times\dfrac{1}{2}\right)=300\times\dfrac{1}{4}=75$(명)이 찬성해야 합니다.

두 친구의 답은 같지만 계산하는 순서가 달랐어요. 이렇게 유리수의 계산 과정에서도 결합법칙이 성립한답니다.

유리수의 곱셈은 부호를 먼저 정하고 절댓값을 곱하여 계산할 수 있고, 같은 수를 여러 번 곱할 때에는 거듭제곱으로 나타낼 수도 있어요. 새로운 문제를 한번 풀어 볼까요?

진형이네 아파트는 정기적인 물탱크 청소로 하루 동안 단수가 될 예정이에요. 욕조에는 물을 22.5L만 채울 수 있어요. 가족 3명은 그 물로 아침, 저녁 모두 제대로 세수할 수 있을까요? 평소 수학을 좋아하는 진형이는 머리를 긁적이면서 연습장에 무언가를 계산하기 시작했어요.

$$22.5 \div 3 = \frac{225}{10} \times \frac{1}{3} = 7.5$$

진형이는 가족 한 사람당 사용할 수 있는 물의 양이 7.5L라고 말했답니다.

여기에서 3으로 나누는 것은 $\frac{1}{3}$을 곱하는 것과 같아요. 마찬가지로 $\frac{1}{3}$로 나누는 것은 3을 곱하는 것과 같지요. 분수의 나눗셈은 분모와 분자를 바꾸고 나눗셈을 곱셈으로 고쳐서 계산하면 간단해요.

---

**약속**

$\frac{2}{3} \times \frac{3}{2} = 1$이고, $\left(-\frac{2}{5}\right) \times \left(-\frac{5}{2}\right) = 1$이 된다. 이처럼 어떤 두 수의 곱이 1일 때, 한 수를 다른 수의 역수라고 한다. 즉 $\frac{2}{3}$의 역수는 $\frac{3}{2}$이고, $\frac{3}{2}$의 역수는 $\frac{2}{3}$이다.

**개념다지기 문제 1** 어느 겨울날, 서울과 제주도의 기온이 그림과 같다면 두 지역의 기온 차는 얼마일까요?

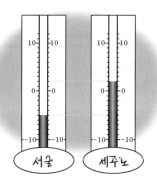

**풀이** 온도계의 눈금차가 7칸이니까 기온 차는 7도예요.

제주도는 영상 2도이고, 서울은 영하 5도니까 식으로 구하면 $+2-(-5)=7$이므로 7도 차인 거죠.

**개념다지기 문제 2** 빠르기가 시속 **100km**인 잠수함이 있어요. 잠수함이 해수면에서 출발한 지 **2시간 30분** 후에는 해수면을 기준으로 어디에 있는지 알아보세요.

**풀이** 잠수함은 해수면을 기준으로 아래쪽 방향으로 움직이므로 속도는 $-100$km/시예요. 따라서

$$(속도) \times (시간) = (-100km/시) \times 2.5시간 = -250km$$

즉 잠수함은 바닷속 250km 아래에 있어요.

자, 수학 공부를 하느라 머리를 많이 썼으니까 잠시 게임을 해 봐요. 준비물은 신문지 한 장이면 돼요. 신문지를 한 장 펼친 다음, 그 위에 올라가면 성공! 뭐, 이런 쉬운 게임이 다 있냐고요? 신문지를 계속 반으로 접으면서 그 위에 올라 서 봐요. 가장 많이 접은 사람이 이기는 겁니다.

풀이  만약 신문지 두께가 0.01mm라면 8번 접었을 때의 두께가 얼마일지 계산해 봅시다.

한 번 접을 때마다 신문지의 두께는 두 겹, 네 겹이 되니까 접은 횟수에 따라 몇 겹인지를 구하면 두께를 쉽게 구할 수 있겠죠?

| 접은 횟수(회) | 1 | 2 | 3 | 4 | 5 | 6 | 7 | 8 |
|---|---|---|---|---|---|---|---|---|
| 겹 | 2 | 4 | 8 | 16 | 32 | 64 | 128 | 256 |
| 두께(mm) | 0.02 | 0.04 | 0.08 | 0.16 | 0.32 | 0.64 | 1.28 | 2.56 |

어, 안 접히네.
8번은 접었는데
9번까지는 잘 안 접혀.

# 제3장
# 일차방정식

## 1. 문자를 사용해야 하는 이유

초등학교 수학에서는 수만 다루었지만, 중학교에 올라오면 맨 처음 문자를 만나게 돼요. 수학을 수로 공부하면 되지, 웬 문자냐고 툴툴대는 친구들도 많을 거예요. 수를 대신하여 문자로 생각하고 계산하는 것을 대수라고 해요. 그럼 수학에 문자를 도입하면 왜 좋을까요? 지금부터 그 내용을 한번 알아봐요.

### (1) 알 수 없는 수를 대신할 수 있다.

초등학교에서 $\square + 6 = 13$, 또는 $5 - \square \times 6 = 3$과 같은 계산을 한 적이 있을 거예요. 대수에서는 이럴 때 $\square$ 대신, $x$라는 문자를 사용해요.

(2) 언제나 성립하는 법칙을 간단히 나타낼 수 있다.

$$1+2=2+1, \ 2+3=3+2, \ \cdots$$

이것을 **교환법칙**이라고 하는데 모든 수에 성립해요.

그래서 $a+b=b+a$라고 하나의 식으로 표시할 수 있어요.


(3) **특별한 수를 나타낼 때 좋다.**

초등학교에서 배운 원주율 3.14는 정확하게 말하면 소수점이 한없이 계속되는 수예요.

$$원주율 = \frac{원둘레 \ 길이}{지름} = 3.14159265\cdots$$

이렇게 무한한 수를 간단히 $\pi$로 표시하면, 원의 넓이도 간단히 $\pi r^2$으로 표시할 수 있지요. 여기에서 $r$은 원의 반지름을 대신한 문자예요.


더 알아보기 **문자 사용의 역사**

3세기경 문자식을 발견한 디오판토스는 '대수학의 아버지'라고 불려요. 하지만 그 후 1000년 이상 대수를 돌보는 사람이 딱히 없다가 16세기경 프랑스의 수학자 베어드가 문자로 미지수와 기지수를 구별하기 시작했어요. $a$, $b$, $c$, $\cdots$는 상수를, $x$, $y$, $z$, $\cdots$는 미지수로 나타낸 거지요. 베어드의 기호 사용으로 대수학은 크게 발전했어요.

그 후 반세기가 지났을 때 데카르트는 선분의 길이와 넓이 등을 표시하는 데 과감하게 현대식 기호를 도입했고, 그 내용이 오늘날까지 이르렀죠. 결과적으로 문자를 사용함으로써 복잡한 계산을 아주 간단히 경제적으로 할 수 있게 되었답니다.


## 2. 간편한 문자 사용

운전에는 무엇이 필요할까요? 차만 있다고 누구나 운전을 할 수는 없어요. 운전면허증이 없으면 차를 운전할 수 없죠. 운전면허증을 따려면 도로 여기저기에 표시되어 있는 교통 표지판이 어떤 의미인지 알아야 해요. 아래 그림은 운전자들이 알아야 하는 몇 가지 표지판이랍니다. 이 표지판들이 어떤 의미인지 한번 생각해 볼까요?

**생각 열기**

왼쪽부터 각 표지판은 횡단보도, 미끄러운 도로, 최고 속도 시속 50km 제한, 유턴, 직진 금지라는 뜻이에요. 그림만 보고도 어떤 의미인지 쉽게 알 수 있죠? 이 그림들의 특징은 의미를 단순하게 표시하여 사람들에게 빠르고 분명하게 전달할 수 있다는 거예요.

수학에서도 교통 표지판처럼 의미 전달을 빨리 하기 위해 문자를 사용하는 거랍니다. 문자는 처음에는 어려운 것처럼 느껴지지만 익히고 나면 수학 문제를 풀 때 훨씬 간단하다는 것을 느낄 수 있을 거예요. 수학에서 기호를 사용한다는 것은 식이나 문장을 보다 빠르게 이해하고 편리하게 전달하기 위해서랍니다.

예를 들어 1500원짜리 아이스크림 2개를 사면 돈을 얼마나 내야 할까요?

$1500 \times 2 = 3000$(원)

3개를 사려면 $1500 \times 3 = 4500$(원) …

이런 식으로 계속 곱셈을 하면 되죠. 하지만 정확한 개수를 모를 경우에는 미지의 수 $x$를 사용하면 돼요. 즉 $1500 \times x$로 쓰거나 곱셈 기호를 생략하여 $1500x$라고 쓴답니다.

---

**약속**

### 식을 간단히 하는 곱셈 기호의 생략

(1) 수와 문자의 곱은 곱셈 기호를 생략하고 수는 문자 앞에 쓴다.

$x \times 3 = 3x$, $x \times (-5) = -5x$

(2) 문자와 문자의 곱은 곱셈 기호를 생략하고 알파벳 순서로 쓴다.

$y \times x = xy$, $2 \times a \times c \times b = 2abc$

(3) 같은 문자를 반복하여 곱할 때는 곱셈 기호 $\times$를 생략하고 거듭제곱의 꼴로 쓴다.

$x \times x \times x \times x \times x = x^5$, $x \times x \times x \times y \times y = x^3 \times y^2 = x^3 y^2$

(4) 수나 문자의 나눗셈은 나눗셈 기호를 생략하고 분수 꼴로 쓴다.

$x \div 3 = \dfrac{x}{3}$, $a \div b = \dfrac{a}{b}$

(5) 문자를 1로 나눌 때는 $x \div 1 = \dfrac{x}{1} = x$, $-1$로 나눌 때는 $x \div (-1) = \dfrac{x}{-1} = -x$로 표시한다.

## 3. 식의 값 구하기

민준이는 마을버스를 이용하여 통학하는데 청소년 요금은 800원이에요. 3월 첫날 등교 길에 교통카드에 20000원을 충전했어요. 그런 다음 마을버스를 다섯 번 타서 $800 \times 5 = 4000$원을 사용했지요. 이때 교통카드에 남은 금액은 $20000 - 4000$인데 식으로써 보면 $20000 - 800 \times 5$예요. 마을버스를 이용하는 횟수를 $x$라고 할 때 남은 금액은 얼마일까요?

위 문제를 정리해 보면 $20000 - 800 \times x$(원)이 돼요.

필요에 따라 6번, 7번, … 등을 사용하고 남은 금액을 구하려면 $20000 - 800 \times x$에서 $x$값에 6, 7, … 등의 수를 넣고 계산하면 되죠. 이처럼 문자를 어떤 수로 바꾸어 넣는 것을 문자에 수를 **대입**한다고 하며, 대입하여 계산한 값을 **식의 값**이라고 해요.

다른 문제를 한번 풀어 볼까요?

요즘에는 성인은 물론 청소년들까지 자신의 체중에 민감하게 반응해요. 비만은 질병이라는 인식도 높아져서 비만을 예방하려고 노력하지요. 이때 비만의 척도로 삼는 수치가 **체질량지수**BMI, Body Mass Index예요. 이는 키와 체중을 이용하여 지방의 양을 추정하는 계산법이에요. 수치의 범위에 따라 건강 상태를 알 수 있답니다. 지금부터 각자의 키와 몸무게를 넣어 비만도를 한번 구해 봐요.

체중을 $a$kg, 키를 $b$m라 할 때, 체질량지수$= \dfrac{a}{b \times b}$

| BMI | 건강 상태 |
| --- | --- |
| 18.5 이하 | 저체중 |
| 18.5~24.9 | 정상 |
| 25.0~29.9 | 과체중 |
| 30.0 초과 | 비만 |

키가 150cm이고, 체중이 45kg인 여학생의 체질량지수를 구해 보세요. 우리는 보통 키를 cm 단위로 말하지만 체질량지수에서는 m로 고쳐야 해요.

$$\frac{a(\mathrm{kg})}{b(\mathrm{m}) \times b(\mathrm{m})} = \frac{45}{1.5 \times 1.5} = \frac{45}{2.25} = 20$$이므로, 이 여학생은 정상이에요.

## ㄴ. 일차식이란?

은정이네 학교에서는 지난 토요일에 축제를 열었어요. 이때 은정이가 속한 동아리는 떡볶이와 어묵을 판매하였지요. 목표는 50000원의 이익금을 거두어 여름방학 때 봉사 활동의 경비로 사용하는 거였어요. 아이들은 축제를 준비하면서 어묵과 떡볶이 가격을 얼마로 정하는 것이 좋을지 고민하였어요. 재료비는 학교에서 보조해 주었고, 또 거스름돈으로 누가 5000원을 기부금으로 냈어요. 아이들은 떡볶이와 어묵 한 개의 가격을 각각 $x$원, $y$원으로 하고 모두 떡볶이 40개와 어묵 30개를 팔았어요. 어묵과 떡볶이를 팔아서 얻은 수익을 식으로 어떻게 나타낼 수 있을까요?

**생각 열기**

떡볶이 40개의 값은 $40x$, 어묵 30개의 값은 $30y$가 돼요. 따라서 판매한 가격의 합은 $40x+30y$예요. 거스름돈 5000원을 합하면 $40x+30y+5000$(원)이 결국 총 금액이 되죠.

만약 동아리에서 떡볶이를 500원, 오뎅을 800원으로 결정했다면 과연 목표치가 달성되었을지 함께 구해 봐요.

$40x+30y+5000$에서 $x$에는 500, $y$에는 800을 대입하여 계산하면 $40 \times 500+30 \times 800+5000=20000+24000+5000=49000$(원)이에요. 아쉽게도 목표치인 50000원에서 1000원이 부족한 금액이에요.

이처럼 수 또는 문자의 곱으로 이루어진 $40x$, $30y$, 5000을 각각

식의 항이라 하고, 5000과 같이 수만으로 이루어진 항은 상수항이라고 해요. 또한 $40x$, $30y$에서 문자 앞에 곱해진 수 40과 30을 각각 문자들의 계수라고 불러요.

$40x+30y+5000$과 같이 두 개 이상의 항으로 표시된 식을 다항식이라 하고, $40x$나 $30y$처럼 항이 하나로만 된 식은 단항식이라고 불러요. 다항식의 다多는 많다는 뜻이고, 단항식의 단單은 하나라는 뜻이랍니다.

만약 $40x$에 문자 $x$를 한 번 더 곱하면 $40 \times x \times x$이므로 $40x^2$이 돼요. $40x$와 $40x^2$의 계수는 모두 40으로 같지만 문자 $x$가 곱해진 개수가 1개와 2개로 달라요. 이처럼 문자의 곱해진 개수를 그 문자에 대한 항의 차수라고 해요. 즉 $40x$는 1차, $40x^2$은 2차예요.

한 번 더 예를 들어 보면 $-4x+2y$에서 항은 $-4x$와 $2y$이고, $x$의 계수는 $-4$, $y$의 계수는 2예요.

## 5. 일차식의 곱셈과 나눗셈

우리나라에서는 전통적으로 안방에 병풍을 쳤고, 혼례나 생일 같은 잔치가 있을 때는 병풍을 치고서 잔칫상을 마련하기도 했어요. 지수는 할아버지 생신 상을 차린 후, 병풍을 치려고 아버지와 함께 장롱 위에 올려놓은 병풍을 꺼냈어요. 병풍은 접었을 때 가로의 길이가 40cm, 세로의 길이가 $x$cm였어요. 8쪽 병풍을 다 펼쳤을 때 병풍 전체의 넓이는 얼마일까요?

병풍 한 쪽의 넓이는 $40 \times x$인데 모두 8쪽이므로 전체 넓이는 $(40 \times x) \times 8 = 40 \times x \times 8 = 40 \times 8 \times x = 320x$가 돼요.

이처럼 단항식과 수를 곱할 때는, 먼저 수끼리 곱셈을 한 후에 문자 앞에 수를 씁니다. 또한 단항식을 수로 나눌 때는 다음과 같이 곱셈으로 바꾸어서 계산하지요.

$$320x \div 8 = 320x \times \frac{1}{8} = 320 \times x \times \frac{1}{8} = 320 \times \frac{1}{8} \times x = 40x$$

일차식과 수를 곱할 때는 분배법칙을 사용하여 각 항에 곱해요. 예를 들어 $3(2x+5)$의 계산은 분배법칙에 따라

$$3(2x+5) = 3 \times 2x + 3 \times 5$$
$$= 6x + 15$$

일차식을 수로 나눌 때는 곱셈으로 바꾸어서 해야 해요.

$$(15a-9) \div 3 = (15a-9) \times \frac{1}{3}$$

$$= 15a \times \frac{1}{3} + (-9) \times \frac{1}{3}$$

$$= 5a - 3$$

**약속**

분배법칙 : $a(b+c) = ab+ac$, $(a+b)c = ac+bc$

## 6. 일차식의 덧셈과 뺄셈

자, 이제는 일차식끼리 덧셈과 뺄셈을 해 봐요. 중요한 것은 아무거나 더할 수 없고, 순서대로 덧셈을 할 수도 없다는 거예요. 수는 수끼리, 문자는 문자끼리 더해야 하지요. 주의할 점은 문자도 같은 문자끼리만 더할 수 있다는 거예요. 예를 들어, 호랑이와 토끼가 그려진 문제에서 어떤 문제인지 생각하지도 않고 그냥 마리수를 셀 수 없듯이, 문자로 된 식의 덧셈을 하려면 동류항끼리 덧셈을 해야 해요. 그런데 동류항이란 무엇일까요?

예를 들어, 1차 항 $5x$와 $3x$가 있다고 해요. $5x$와 $3x$는 모두 문자 $x$에 대하여 1차 항이에요. 이렇게 같은 문자에 대하여 같은 차수일 때 우리는 **동류항**이라고 불러요.

반면에 1차 항 $5x$와 $3y$는 동류항이 아니에요. 문자가 $x$, $y$로 다르기 때문이죠. 또 $3x$나 $3x^2$도 동류항이 아니에요. 하나는 1차 항이고, 다른 하나는 2차 항이기 때문이죠.

그럼 $3x$와 $3x^2$을 덧셈으로 표시한 $3x^2+3x$를 생각해 볼까요? 문자 $x$에 대하여 1차 항과 2차 항이 함께 있는 식이에요. 이때 식의 차수를 묻는 경우가 있어요. 식의 차수는 차수가 가장 높은 항의 차수를 말하면 돼요. 따라서 식 $3x^2+3x$의 차수는 2차예요.

**약속**

일차식을 더할 때는 반드시 동류항끼리 더해야 한다.

혹시 동류항끼리 덧셈과 뺄셈을 할 때에도 분배법칙이 사용된다는 것을 알아챘나요? 다음 계산을 한번 살펴봐요.

(1) $4x - x = (4-1)x = 3x$

(2) $6b + 2b - 3b = (6+2-3)b = 5b$

괄호가 포함된 경우도 한번 계산해 봐요.

$(a+10)-(7a-3)$은 어떻게 계산해야 할까요? 당연히 괄호부터 먼저 푼 다음 동류항끼리 더하거나 빼면 돼요.

$(a+10)-(7a-3)$

$= a+10+(-1)(7a-3)$

($\because$ 괄호 앞에 $-$가 있으므로 $(-1)$을 곱한 것으로 생각)

$= a+10-7a+3$($\because$ 음수와 음수가 만나서 양수가 돼요.)

$= a-7a+10+3$($\because$ 교환법칙 사용)

$= -6a+13$

## 7. 방정식의 해 구하기

세상에서 가장 오래된 수학책은 기원전 1650년경 고대 이집트에서 만들어진 책이에요. 바로 '린드 파피루스'라고 불리는 수학책이랍니다. 책이라고 해서 지금과 같은 형태의 책은 아니었어요.

고대 이집트는 세계에서 가장 먼저 종이를 발명한 나라예요. 이집트인들은 나일 강에 자라는 파피루스라는 갈대를 두들겨서 납작하게 만들었어요. 그런 다음 풀로 연결해서 종이로 만든 후, 갈대 펜으로 여러 가지를 기록하며 문명을 발전시켜 나갔죠. 그 종이를 파피루스라고 불렀어요. 파피루스는 둥글게 말린 두루마리 형태였어요. 지금 우리는 미지의 값을 $x$라는 문자로 나타내지만, 이집트인들은 파피루스에 '아하'라는 단어를 사용했어요.

그럼 다음 문제를 한번 풀어 볼까요?

> 아하에 아하의 $\dfrac{1}{7}$을 더하면 24가 된다.

아하와 아하의 $\frac{1}{7}$ 를 더한 결과가 24이므로 아하는 24보다 작아야 해요. 또한 아하를 $\frac{1}{7}$ 배한 수도 자연수가 되어야 하고 그렇다면 아하는 7의 배수여야 하죠. 7의 배수이면서 24보다 작은 수는 7, 14, 21이므로 이 세 수를 대입하여 24가 되는 경우를 찾으면 돼요. 이 집트인들이 했던 방법을 따라해 볼까요?

아하를 7이라고 가정하면 $7+7\times\frac{1}{7}=7+1=8$

14라고 가정하면 $14+14\times\frac{1}{7}=14+2=16$

21이라고 가정하면 $21+21\times\frac{1}{7}=21+3=24$

따라서 아하는 21이에요. 이 문제에서 우리는 3가지 경우를 일일이 대입하여 답을 구했어요. 어렵지는 않지만 생각보다 많이 번거롭죠? 사람들은 보다 간단하고 편리하게 문제를 해결하기 위해 열심히 노력했어요. 그 결과 수와 문자를 사용하여 문제를 하나의 식으로 나타낼 수 있게 되었어요. 즉, 아하를 $x$로 표현하여 식을 세웠고 그 식은 $x+\frac{1}{7}x=24$가 돼요.

위의 등식에서 등호의 왼쪽 부분을 좌변(左邊, 왼쪽의 변), 오른쪽 부분을 우변(右邊, 오른쪽의 변), 좌변과 우변을 통틀어 양변이라고 해요. 위 등식의 $x$에 1을 대입하면 좌변은 $1+\frac{1}{7}=\frac{8}{7}$이 되므로 우변과 같지 않아서 거짓이 되죠.

이렇게 $x$의 값에 따라 참이 되기도 하고, 거짓이 되기도 하는 등식을 방정식이라고 해요. 또한 문자 $x$를 그 방정식의 미지수라고 하지요. $x$의 값은 그 방정식의 해解 또는 근根이라 하고, 그 해를 구하는 것을 방정식을 푼다라고 해요.

위의 아하 문제는 아하에 21을 대입하면 등식이 참이 되므로 해가 21인 방정식이에요.

해解는 해답이라는 뜻을 지닌 한자어예요. 한자를 모르는 친구들은 왜 '달'이라 안하고 '해'라고 하는지 궁금해하기도 해요. 이렇게 수학 용어가 간혹 원래 뜻과 다르게 느껴지는 건 용어들이 모두 한자어이기 때문이랍니다.

지금까지 한 이야기를 생각하며 문제를 풀어 볼까요?

$x$가 집합 $\{-1, 0, 1\}$의 원소일 때, 방정식 $2x+5=3$의 해를 구하는 문제예요.

위의 내용을 적용하면 방정식 $2x+5=3$에 각 원소를 하나씩 대입하여 좌변과 우변이 같으면 돼요.

$x=-1$일 때, $2\times(-1)+5=3$

$x=0$일 때, $2\times0+5=5\neq3$

$x=1$일 때, $2\times1+5=7\neq3$

따라서 구하는 해는 $-1$이에요.

**약속**

등식 $x+3x=4x$는 $x$에 어떤 값을 대입하여도 항상 참이 된다. 이처럼 항상 참이 되는 등식을 $x$에 대한 항등식이라고 부른다.

## 8. 일차방정식의 풀이 요령

쉬는 시간에 은정이와 지수는 접시저울에 지우개를 올려놓고 수평놀이를 했어요. 그림과 같이 지우개를 올려놓았더니 저울이 수평을 이루었죠. 잠시 후 정민이가 왼쪽 접시에 분홍색 지우개를 하나 더 올려놓았다면 당연히 오른쪽 접시에도 분홍색 지우개를 하나 더 올려놓아야 수평이 돼요.

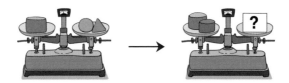

이처럼 저울이 수평을 이루는 것은 양쪽 접시 위에 놓인 물건의 무게가 같다는 의미예요. 이와 같은 성질이 수학의 등식에서도 적용된답니다.

**등식의 성질**

① 등식의 양변에 같은 수를 더하여도 등식은 성립한다.

$a=b$이면 $a+c=b+c$

② 등식의 양변에서 같은 수를 빼도 등식은 성립한다.

$a=b$이면 $a-c=b-c$

③ 등식의 양변에 같은 수를 곱하여도 등식은 성립한다.

$a=b$이면 $ac=bc$

④ 등식의 양변을 0이 아닌 같은 수로 나누어도 등식은 성립한다.

$a=b$이면 $\dfrac{a}{c}=\dfrac{b}{c}$ (단, $c \neq 0$)

등식의 성질을 이용하여 방정식 $5x-3=7$을 풀어 봐요.

$5x-3+3=7+3$ (양변에 같은 수 3을 더했어요.)

$5x=10$

$\dfrac{5x}{5}=\dfrac{10}{5}$ (양변을 5로 나누었어요.)

$\therefore x=2$

위 문제에서 우리는 등식의 성질 ①과 ④를 이용하여 방정식을 풀었어요. 즉 $5x-3=7$에서 $5x-3+3=7+3$으로 변형을 하였는데, 자세히 보면 원래 문제에서 좌변에 있는 $-3$이 우변으로 가서 $+3$으로 변한 거예요. 이처럼 한 변에 있는 항을 그 항의 부호를 바꾸어 다른 변으로 옮기는 것을 **이항**이라고 해요.

일차방정식을 풀 때에는 $x$를 포함한 항을 좌변으로, 상수항을 우변으로 이항한 다음, 등식의 성질을 이용하여 풀어요. 괄호가 있으면 분배법칙을 이용하여 괄호를 먼저 풀면 되지요.

계수가 소수인 경우에는 양변에 10, $10^2$, …처럼 10의 거듭제곱을, 분수인 경우는 양변에 최소공배수를 곱하여 계수를 모두 정수로 고쳐서 풀면 편리해요.

간단한 문제로 한번 확인해 볼까요?

일차방정식 $4x-6=2x+2$를 풀어 보면, 먼저 주어진 식에서 $-6$과 $2x$를 이항해요.

$4x-2x=2+6$이 되고,

양변을 간단히 하면 $2x=8$

양변을 2로 나누면 $\dfrac{2x}{2}=\dfrac{8}{2}$

따라서 $x=4$가 돼요.

# 9. 일차방정식의 활용

한여름 장마철에는 수직으로 높이 발달한 거무스름한 구름이 생기면서 천둥과 번개를 동반한 소나기가 자주 내려요. 그때 구름의 위쪽과 아래쪽이 서로 다른 전기적 성질을 가지는 경우가 있어요. 그럼 전류가 흘러서 번쩍하고 빛으로 나타나는 것이 번개, 번개가 치고 난 후 우르릉 쾅쾅하는 소리가 천둥이에요.

이렇게 하나의 현상에서 일어나는 천둥과 번개는 왜 동시에 일어나지 않을까요? 바로 번개는 빛, 천둥은 소리의 움직임으로, 빛의 속도가 소리의 속도보다 훨씬 빠르기 때문이에요. 또한 소리의 속력은 온도에 따라 변하지요. 그 관계를 식으로 나타내면 온도가 $x$°C일 때, 속력은 초속 $(0.6x+331)$m라고 해요. 이 식에 따라 소리의 속력이 초속 346m일 때의 기온을 구해 볼까요?

소리의 속력이 346m이므로 주어진 조건에 따라 먼저 식을 세워요.

$$0.6x+331=346$$

$x$의 계수가 0.6이므로 양변에 10을 곱해요.

$$6x+3310=3460$$

3310을 우변으로 이항하면

$$6x=3460-3310$$

$$\therefore\ x=25$$

따라서 소리의 속력이 초속 346m일 때의 기온은 25°C예요.

**일차방정식 문제의 풀이법**

① 문제의 뜻을 파악하고, 구하고자 하는 것을 미지수 $x$로 놓는다.

② 수량 사이의 관계를 찾아 방정식을 세운다.

③ 방정식을 풀어 $x$를 구한다.

④ 구한 해가 문제의 뜻에 맞는지 확인한다.

**개념다지기 문제** 고대 그리스의 수학자 디오판도스는 평생 방정식을 연구하는 데 몰두하였어요. 그래서 그가 사망한 뒤 그의 묘비에는 다음과 같은 수학적인 글이 기록되었다고 해요. 디오판토스가 사망했을 때의 나이는 얼마일까요?

> 그는 일생의 $\frac{1}{6}$을 소년으로, 일생의 $\frac{1}{12}$을 청년으로,
> 그 후 다시 일생의 $\frac{1}{7}$을 지나 결혼을 했다.
> 그는 결혼 5년 후 아들을 낳았는데, 그 아들은 아버지
> 생애의 $\frac{1}{2}$을 살았다.
> 그리고 아들이 죽고 난 후에 그는 4년을 더 살았다.

**풀이** 디오판토스가 사망할 때의 나이를 $x$라 하고 방정식을 세우면 다음과 같아요.

$$\frac{1}{6}x+\frac{1}{12}x+\frac{1}{7}x+5+\frac{1}{2}x+4=x$$

$$\frac{1}{6}x+\frac{1}{12}x+\frac{1}{7}x+\frac{1}{2}x-x=-9$$

$$14x+7x+12x+42x-84x=-756$$

(∵ 분모 6, 12, 7, 2의 최소공배수 84를 곱해요.)

$$-9x=-756$$

$$\therefore\ x=84$$

즉 디오판토스가 사망한 나이는 84세예요.

# 10. 역사적 배경: 기호의 역사

우리는 계산 기호를 초등학교 때부터 익혀 왔어요. 그러나 이 기호들이 수학에 등장한 것은 그리 오래된 일이 아니에요.

플러스+는 라틴어 et영어의 and를 빨리 쓴 것으로 et → +가 되었어요. 마이너스−는 포도주 통에 있는 술의 양을 나타내기 위해 금을 그은 것이 수학에 쓰였다고 해요. +, −가 책에 처음 쓰인 것은 1489년 독일의 수학자 위드만의 『산수책』에서였어요.

곱하기×기호는 십자가의 기호를 이용해서 만들었다고도 해요. 라이프니츠는 ×가 방정식의 미지수 $x$와 혼동하기 쉬워 대신 '·'로 표시했는데 지금도 쓰이지요.

나누기÷기호의 발명자는 누구인지 분명치 않지만 10세기경의 기록에 등장하고 있어요. 나눗셈을 분수로 표시할 때 모양이 ÷와 비슷한 것만은 확실하지요.

등호=는 16세기경 영국의 수학자 레코드의 책 『지혜의 숫돌』에 나와 있어요. 등호는 '길이가 같고 나란한 것으로 이보다 같음을 더 잘 나타내는 것은 없다'고 쓰여 있어요.

'≡'는 도형에서 합동의 기호로 =보다 줄이 더 많아 합동의 뜻으로 쓰였죠.

기호는 사고의 경제학이라고도 해요. 복잡한 것을 간단히 표시해 주어 수학자

스마트폰

의 일을 덜어 주기 때문이죠. 기호는 수학뿐만 아니라 물리, 화학, 생물 등 모든 과학을 발전시켰어요. 아마 스마트폰도 기호를 이용하지 않는다면 도저히 만들 수 없었을 거예요.

**개념다지기 문제 1** 16세기 중국 명나라의 수학자 정대위가 쓴 『산법통종』이라는 책에는 이런 문제가 적혀 있어요.

> 철수가 양 한 무리를 몰고 초원을 향해 걸어가고 있다. 그 길을 따라 병수도 튼실한 양 한 마리를 몰고 따라가고 있다.
> 병수가 철수에게 물었다.
> "우와, 당신의 양은 100마리쯤 되나요?
> 철수가 대답했다.
> "모든 양의 수에 한 배를 더하고, 또 그 절반과 $\frac{1}{4}$배를 각각 더한 후 당신의 양까지 합하면 100마리가 되지요."

**그렇다면 철수가 몰고 가는 양은 몇 마리일까요?**

**풀이** 철수가 가진 양을 $x$마리라 하고 방정식을 세워요.
$x$에다 한 배를 더하면 $x+x$가 되고, 또 그 절반을 더하면 $x+x+\frac{1}{2}x$가 되죠. 다시 또 그 $\frac{1}{4}$을 더하면 $x+x+\frac{1}{2}x+\frac{1}{4}x$가 됩니다. 마지막으로 병수의 양 한 마리 1을 더하면

$$\left(x+x+\frac{1}{2}x+\frac{1}{4}x\right)+1=100$$

$$x+x+\frac{1}{2}x+\frac{1}{4}x=99$$

양변에 최소공배수 4를 곱하면

$$4x+4x+2x+x=396$$

$$11x=396$$

$$\therefore x=36$$

즉 철수가 가진 양은 36마리군요. 병수의 어림 실력은 좀 형편없는 것 같아요. 아니면 자기는 한 마리 밖에 없는데 철수의 양이 너무 부러워서 과장법을 쓴 것일지도 모르고요.

개념다지기 문제 2 수컷 귀뚜라미는 암컷을 유혹하기 위해 날개에 달린 돌기를 마찰시켜서 소리를 만든다고 해요. 아주 옛날 아메리카의 인디언들은 이 소리를 듣고 기온을 알아내기도 했대요.

만약 기온이 $x$°C라면 1분 동안 귀뚜라미가 우는 횟수는 $\frac{36}{5}x-32$예요. 민호가 어느 가을 날 귀뚜라미가 1분 동안 우는 횟수를 측정했더니 112번이었어요. 이 날의 기온은 얼마였을까요?

풀이 $\frac{36}{5}x-32=112$

$\dfrac{36}{5}x = 144$ ($\because$ $-32$를 이항해요.)

$36x = 720$ ($\because$ 양변에 5를 곱해요.)

$\therefore \ x = 20$

즉 그날의 기온은 20℃였어요.

# 제4장

# 함수

## 1. 데카르트의 좌표 생각

평면에 있는 점의 위치를 말할 때, 수학적으로 어떻게 표현하는 게 좋을까요?

수학에서는 위치를 설명하기 위해서 좌표라는 개념을 도입했어요. 좌표를 창안한 수학자 데카르트는 그 전까지 아무도 생각하지 못했던 것을 어떻게 만들 수 있었을까요? 우리 함께 데카르트의 생각을 따라가 봐요.

데카르트는 수학자, 철학자 그리고 과학자를 겸한 천재였고, 위대한 만큼 그와 관련된 전설도 한두 가지가 아니에요. 특히 좌표 발명의 동기에 관해서는 두 가지 설이 있는데 하나는 군대에서 야영 중에 별자리를 보면서 고안했다는 거예요.

또 다른 이야기는 데카르트가 늦잠꾸러기였기 때문이래요. 그는 잠에서 깨어나서도 침대에서 일어나지 않고 천장을 쳐다보며 생각하는 일을 즐겼대요. 그러던 중 파리가 천장을 왔다 갔다 하는 것을 보고 파리가 얼마나 움직였는지 계산하다가 좌표를 생각해 냈다는 거지요. 어때요? 둘 다 그럴싸한 이야기죠? 과연 어느 쪽이 맞는 걸까요?

파리의 움직임을 나타낼 때는 직각좌표가 제격이에요. 처음 파리가 있던 자리를 원점으로 하고, 직각으로 만나는 $x$축과 $y$축을 그린 후에 파리가 움직인 눈금의 칸을 세면 간단히 계산해 낼 수 있죠.

별은 북극성을 중심으로 원운동을 해요. 야영 중 별 운동을 관찰했다면, 원점을 북극성으로 잡았을 때 $x$축과 $y$축이 직각으로 만

나는 직각좌표보다는 북극성을 중심으로 각도와 거리(원점에서부터 점까지의 거리)를 나타내는 극좌표로 생각했을 거예요.

여기서 우리는 두 가지 좌표계를 생각해 봤어요. 대한민국의 수도 서울의 도시 계획은 종로를 가로축으로, 세종로를 세로축으로 하는 직각좌표이고, 데카르트의 고국 프랑스의 수도 파리는 개선문을 중심으로 12개의 방사선이 별 모양을 이루는 극좌표polar coordinate system예요. 그러나 이 좌표들은 수학적인 목적이 아니라 지리적인 이유에서 만들어진 거지요.

예를 들어, 평면 위에 있는 점 P를 표시할 때 직각좌표로 P(1, 1)로 표시하는 점을 극좌표로는 P($\sqrt{2}$, 45°)로 표시해요. 이때 (1, 1)은 점 P에서 $x$축과 $y$축에 각각 수직선을 내렸을 때 대응하는 수예

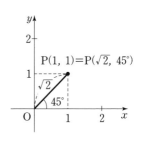

요. 하지만 ($\sqrt{2}$, 45°)에서 $\sqrt{2}$는 원점에서 점 P까지의 거리이고, 45°는 $x$축에서 선분까지의 각도를 의미해요.

## 2. 함수란 무엇일까?

요즘 시청자가 참여하는 다양한 종류의 오디션 프로그램이 유행하고 있어요. 시청자들이 다음 단계로 진출하기를 바라는 참가자에게 휴대전화로 문자를 보내면 투표에 참가할 수 있는데 문자의 건당 정보이용료가 100원 정도라고 하지요. 즉 문자를 1건 보내면 100

원, 2건 보내면 200원 등의 정보이용료를 지불하게 되는 거예요. 만약 어떤 시청자가 문자 투표를 5번 했다면 $100 \times 5 = 500$(원)의 정보이용료를 내게 돼요. 그렇다면 이 프로그램으로 방송국이 벌어들이게 되는 수익금은 얼마일까요?

**생각 열기** 생방송 중에 발생한 총 문자 건수가 첫째 날은 3만 건, 둘째 날에는 4만 건이라면 방송국이 벌어들이는 이익금은 얼마일까요?

첫날은 $100$(원) $\times 30000 = 3000000$(원)이고,

둘째 날은 $100$(원) $\times 40000 = 4000000$(원)이므로

총 700만 원의 이익금이 생겨요.


이 보기에서 우리는 $x$값이 하나 정해지면 반드시 $y$값이 하나 정해짐을 알 수 있어요. 즉 다음과 같은 대응이 성립하죠.

$$x = 1, 2, 3, 4, 5, \cdots$$

$$y = 100, 200, 300, 400, 500, \cdots$$

이때 $x$, $y$와 같이 여러 가지로 변하는 값을 나타내는 문자를 변수라고 불러요. $x$와 $y$가 서로 대응할 때 우리는 간단히 $y = 100x$라고 표시할 수 있어요.

이처럼 $x$의 값에 따라 $y$의 값이 오직 하나씩 정해지는 관계를 $y$는 $x$의 함수라고 말하며, 기호로는 $y = f(x)$로 나타내요. 즉 문자 건수를 $x$, 정보이용료를 $y$원이라고 할 때, $x$와 $y$사이의 관계는 식 $y = 100x$로 표시돼요.

### 약속

함수 기호 $f$는 작용이나 기능을 의미하는 영어 function의 첫 글자를 따서 표시한 것이다.

**개념다지기 문제** 문제를 풀어 보면서 개념을 다시 한 번 생각해 봐요. 1분에 60cm씩 움직이는 로봇청소기가 6분 동안 움직인 거리는 시간이 1분씩 증가함에 따라 일정한 값 60cm씩 증가하는 정비례가 돼요. 다음 표를 완성해 보세요.

| 시간(분) | 1 | 2 | 3 | 4 | 5 | 6 |
|---|---|---|---|---|---|---|
| 움직인 거리(cm) | 60 | | 180 | | | 360 |

풀이  여기에서 로봇이 움직인 시간을 $x$, 움직인 거리를 $y$라고 하면, 우리는 $x$와 $y$ 사이의 관계식 $y=60x$를 얻을 수 있어요. 위의 표에서 $x$의 값 하나에 $y$의 값이 오직 하나만 정해지는 대응 관계임을 알 수 있어요. 따라서 이 대응은 함수 관계가 성립해요.

또 $x$를 표시하는 '분'과 $y$를 표시하는 '거리'를 (분, 거리)와 같이 짝을 지어 괄호로 표시할 때, 이러한 괄호를 순서쌍이라고 불러요. 위의 표를 순서쌍으로 나열하면 $(1,\ 60)$, $(2,\ 120)$, $(3,\ 180)$, $(4,\ 240)$, $(5,\ 300)$, $(6,\ 360)$이 되죠.

우리는 지금까지 자연수, 분수, 정수 …와 같은 수를 익혀 왔으므로 '함수'를 또 다른 수의 종류로 생각하기 쉬워요. 그러나 천만의 말씀!

함수는 수가 아니라 '관계'예요. '함'은 한자로 函인데 상자라는 뜻이에요. 함수를 눈에는 보이지 않지만 머릿속에 있는 상자라고 생각하면 조금 쉬워요. 그 상자 안에는 식이 들어 있고, 숫자가 들어가고 나오는 구멍이 두 개 있어요. 즉 돈을 넣으면 다른 출구에서 물건이 나오는 자동판매기 같은 구조인 거죠.

예를 들어 $y=2x+1$이라는 함수가 있어요. 입구($x$)에 1을 넣으면 출구($y$)로 3이 나오고, 2를 넣으면 5가 나와요.

$$1 \rightarrow \boxed{2\ (\quad)+1} \rightarrow 3$$

상자 속은 보이지 않지만 하나의 수가 들어가면 그 속의 장치 function를 통해 또 하나의 수가 나오는 거지요.

---

**약속**

함수 관계 $y=f(x)$는

1. 대응하는 표를 만들 수 있다.
2. 짝을 지어서 순서쌍 $(x, y)$로 표시할 수 있다.
3. 그래프를 그릴 수 있다.

---

## 3. 점의 위치를 표현하는 방법

민수네 가족이 서울에서 부산행 KTX를 탔어요. 기차 안 모니터에 기차의 운행 경로가 안내돼요. 동생이 서울에서 대전까지 얼마나 걸리는지, 또 동대구와 부산이 얼마나 먼지 자꾸 물어봐요. 민수는 기지를 발휘하여 공책을 꺼낸 다음 서울역을 기준으로 대전

역과 동대구역을 지나 종착역인 부산역까지 선으로 표시하며 설명했어요. 그 내용을 한번 알아볼까요?

지도상에 나타난 곡선의 여행 경로를 서울을 기준으로 다음과 같이

직선 위에 간단하게 표시해 보았어요.

서울역    대전역    동대구역    부산역

0      160      278       410  (km)

여기서 기준인 서울역을 점 A, 대전역, 동대구역, 부산역을 각각

점 B, C, D라고 해요.

점 B에 대응하는 수는 160이고, 나머지 점 C, D에 대응하는 수는

각각 278, 410이에요.

그러므로 서울역$(0)$=A$(0)$, 대전역$(160)$=B$(160)$, 동대구역

$(278)$=C$(278)$, 부산역$(410)$=D$(410)$으로 표시할 수 있어요.

A        B        C        D

0      160      278       410  (km)

서울역을 기준으로 하였지만 기준은 우리가 정하기 나름이에요. 대전

에서 출발하는 친구는 대전을 기준으로 정하고 싶을 거예요. 경부선

과 호남선이 만나는 대전역을 기준으로 하면 서울역은 A$(-160)$,

대전역은 B$(0)$, 동대구역은 C$(118)$, 부산역은 D$(250)$이 되죠.

A        B        C        D

$-160$     0       118      250  (km)

이처럼 수직선 위의 점에 대응하는 수를 그 점의 좌표라고 하며, 좌

표가 $a$인 점 P를 기호로 P$(a)$와 같이 나타내요.

다른 문제를 한 번 더 알아볼까요?

영화나 공연을 보려면 인터넷을 통해 표를 예매하거나 현장에서 티켓발매기를 활용해요. 이때 예매하는 순서에도 수학적 아이디어가 작용해요. 어떤 영화(공연)를 몇 시에 볼 것인지를 결정한 후에 반드시 해야 하는 일은 좌석을 선택하는 거예요.

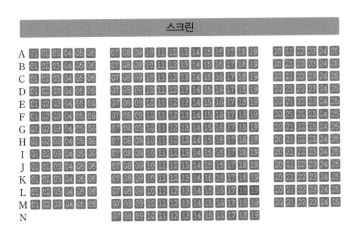

극장의 좌석 번호는 스크린을 기준으로 앞에서부터 열을 표시할 때는 A, B, C, … 등의 알파벳으로 나타내요. 같은 열에서는 맨 왼쪽부터 1, 2, 3, … 등의 숫자로 표시하지요.

예를 들어, 은지 자매가 L열 18번과 19번 좌석을 선택했다면 어디에 앉는 걸까요? 그림처럼 빨간색으로 표시된 곳이 바로 그 좌석이에요. 이때 가로 열과 세로 열의 번호를 한꺼번에 L−18, L−19로 표시하거나 순서쌍 (L, 18), (L, 19)로 나타낼 수 있어요. 영화관의 많은 좌석을 이런 방법으로 나타내면 좌석을 선택하거나 찾을 때 매우 편리하지요.

순서를 생각하여 두 수를 짝지어 나타낸 것을 순서쌍이라고 한다.

순서쌍을 좌표평면에 점으로 찍어서 표시하면 그 점들의 집합이 바로 **그래프**예요. 아래 그래프에서 ($x$의 원소, $y$의 원소)로 이루어지는 순서쌍을 모두 구하면 A(3, 1), B(−2, 4), C(−3, −3), D(1, −2)예요. 또한 두 수의 순서를 바꾼 (1, 2)와 (2, 1)은 $x$의 원소와 $y$의 원소가 바뀌었으므로 서로 다른 거예요.

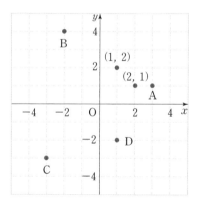

두 직선이 원점에서 서로 수직으로 만날 때 가로의 직선을 $x$축, 세로의 수직선을 $y$축이라 하고, 두 축을 통틀어 **좌표축**이라고 해요. 좌표축이 만나는 교점 O를 **원점**, 좌표축이 정해져 있는 평면을 **좌표평면**이라고 해요.

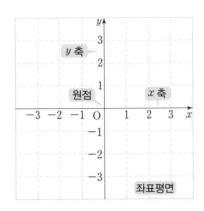

우리가 앞에서 날짜 변경선을 설명하면서 지도 문제를 생각한 적이 있어요. 직선 위에 있는 점을 표시할 때는 숫자 하나로 충분하지만 평면 위의 점을 표시하려면 숫자가 두 개 필요한 것을 알아차렸나요? 구형인 지구를 평평한 종이 위에다 표현한 것이 지도예요. 그러므로 지도 위에 있는 점을 표현하려면 위선과 경선 두 개의 요소가 필요해요.

수학에서는 좌표평면을 만들어서 가로축을 $x$축, 세로의 수직선을 $y$축이라고 약속했어요. 그리고 평면 위의 점에서 $x$축, $y$축에 수선을 긋고, 이 수선이 $x$축, $y$축과 만나는 점에 대응하는 수를 각각 $a$와 $b$라고 해

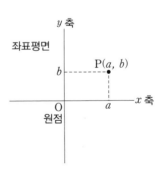

요. 그때 순서쌍 $(a,\ b)$를 점 P의 **좌표**라 하고 기호로 P$(a,\ b)$와 같이 나타내요.

## 4. 평면 나누기

네모난 평면을 나누려면 몇 개로, 또 어떤 방법으로 나눌 수 있을까요? 좌표평면을 처음 생각해 냈던 데카르트가 사용한 방법을 한번 알아봐요.

데카르트는 평면을 나눌 때 2개의 직선을 수직으로 놓아서 4개로 분할했어요. 즉 좌표평면이란 2개의 좌표축 $x$축, $y$축에 의하여 옆의 그림과 같이 네 부분으로 나누어져요.

이때 오른쪽 위부터 시계반대방

향으로 제1사분면, 제2사분면, 제3사분면, 제4사분면이라고 불러요. 수학에서는 보통 시계반대방향을 +방향으로 생각하고, 시계방향은 −방향으로 생각해요. 여러분은 게임을 할 때 어느 방향으로 돌아가나요?

이러한 모든 규칙은 처음에 정했던 것을 관습적으로 따라가기 때문이지 처음부터 논리를 따져서 누가 맞고 틀리는지 가르는 문제가 아니에요. 다만, 정해진 규칙을 따라서 문제를 푸는 것이 중요하답니다.

각 사분면 위에 있는 점은 모두 4가지 경우의 수를 생각할 수 있어요. $x$좌표는 원점을 기준으로 오른쪽은 +, 왼쪽은 −이며 $y$좌표는 위쪽은 +, 아래쪽은 −로 정했어요. 따라서 1사분면의 점은 (+, +)의 좌표가 되고, 2사분면의 점은 (−, +), 3사분면의 점은 (−, −), 4사분면의 점은 (+, −)의 부호를 갖는 좌표값을 가져요.

다음 각 점이 제 몇 사분면 위에 있는지 한번 생각해 봐요.

(1) A(−1, 5)

(2) B(3, 3)

(3) C(4, −2)

(4) D(−2, −7)

어느 사분면 위의 점인가를 따져야 하기 때문에 좌표의 수치는 염두에 둘 필요가 없어요. 오직 부호만 생각하면 되죠.

(1) 점 A의 부호가 (−, ＋)이므로 A는 제2사분면 위에 있고,

(2) 점 B의 부호는 (＋, ＋)이므로 제1사분면 위

(3) 점 C의 부호는 (＋, −)이므로 제4사분면 위

(4) 점 D의 부호는 (−, −)이므로 제3사분면 위에 있는 점이에요.


다음 그림을 보세요.

점 C는 1사분면 위의 점이니까 −a>0, b>0이죠. 그러므로 a<0이 되고, b>0이므로 점 A(a, b)는 2사분면의 점이 되지요, 또 −b<0이므로 점 B(a, −b)는 3사분면에 있게 돼요.

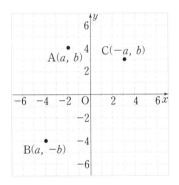

## 5. 함수의 그래프 그리기 : 직선

목욕탕 주인은 매일 새벽 목욕탕 욕조에 깨끗한 물을 받아요. 손님이 오기 전 높이가 80cm인 직사각형 모양의 욕조에 물을 가득 채우는데, 1분에 욕조의 높이가 2cm씩 채워지도록 물이 나온

대요. 물을 채우는 시간에 따라 물의 높이가 어떻게 변하는지 표로 나타내어 볼까요?

물을 받는 시간을 $x$분, 물의 높이를 $y$cm라고 할 때 $x$와 $y$ 사이의 관계식은 $y=2x$예요. 물을 받기 시작하여 5분 동안 물이 채워질 때까지의 순서쌍을 모두 나열해 보면 $(1, 2)$, $(2, 4)$, $(3, 6)$, $(4, 8)$, $(5, 10)$이에요. 이 순서쌍을 각각 좌표평면 위에 나타내면 이 함수의 그래프가 되지요.

| 시간(분) | 0 | 1 | 2 | 3 | 4 | 5 |
|---|---|---|---|---|---|---|
| 물의 높이(cm) | 0 | 2 | 4 | 6 | 8 | 10 |

여러분은 초등학교 때부터 막대그래프, 꺾은선그래프 등을 배웠어요. 하지만 이제는 그래프의 개념을 넓혀야 해요. 점으로만 표시된 것도 그래프이고, 곡선으로 된 것도 수학에서는 그래프라고 해요.

**약속**

함수 $y=f(x)$에서 어떤 값과 그에 대응하는 함숫값을 나타내는 순서쌍의 점 전체를 좌표평면 위에 나타낸 것을 그 함수의 그래프라고 한다.

**생각 열기** $x$가 $-2 \le x \le 2$인 정수라고 할 때 다음 함수의 그래프를 그려 봐요.

(1) $y=3x$                 (2) $y=-x$

먼저 $y=3x$를 표로 만들면 다음과 같아요.

| $x$ | $-2$ | $-1$ | $0$ | $1$ | $2$ |
|---|---|---|---|---|---|
| $y$ | $-6$ | $-3$ | $0$ | $3$ | $6$ |

순서쌍 $(x, y)$로 나타내면 $(-2, -6)$, $(-1, -3)$, $(0, 0)$, $(1, 3)$, $(2, 6)$이므로 좌표평면 위에 나타내면 〈그림1〉과 같아요.

두 번째 $y = -x$를 표로 만들면 다음과 같아요.

| $x$ | $-2$ | $-1$ | $0$ | $1$ | $2$ |
|---|---|---|---|---|---|
| $y$ | $2$ | $1$ | $0$ | $-1$ | $-2$ |

순서쌍 $(x, y)$로 나타내면 $(-2, 2)$, $(-1, 1)$, $(0, 0)$, $(1, -1)$, $(2, -2)$이므로 좌표평면 위에 나타내면 〈그림2〉와 같아요.

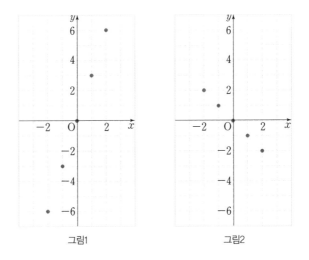

그림1  그림2

위 문제에서는 그래프를 그릴 때 $x$가 취하는 범위를 유한개의 정수만 다루었어요. 하지만 $x$의 범위를 무한개의 수 전체로 확장하면 그래프는 점이 아니라 직선으로 표시돼요. 무한개의 점이 모여서 직선이 되기 때문이죠.

이제는 위에서 다루었던 함수 $y=3x$, $y=-x$를 통틀어서 표현할 수 있는 보다 간략한 함수를 생각해 봐요.

간략하다는 말의 의미가 와 닿지 않나요? 간략하게 하려면 바로 문자를 쓰면 돼요. 3, $-1$과 같은 숫자를 대표하는 문자를 흔히 상수라고 부르며 $y=ax$로 표시해요.

$y=ax$의 그래프를 그리려면 $x$값이 0일 때 $y$값도 항상 0이므로 반드시 원점을 지나요. 또한 $x$값이 1이면 $y$값이 $a$가 되므로 점 $(1, a)$를 지나죠. 그런데 $y=3x$, $y=-x$에서 3은 양수이고, $-1$은 음수였어요. 즉 $y=ax$와 같이 $a$가 문자일 때 $a$가 양수 또는 음수인지를 따져 보아야 해요.

$a$가 양수면 점 $(1, a)$는 $(+, +)$이므로 제1사분면의 점이 돼요. 그러므로 원점과 점 $(1, a)$를 이으며 계속 연장되는 직선은 결과적으로 제1사분면과 제3사분면을 지나요.

$a$가 음수면 점 $(1, a)$는 $(+, -)$이므로 제4사분면의 점이 되며, 원점과 점 $(1, a)$를 지나고 계속 연장되는 직선은 결과적으로 제2사분면과 제4사분면을 지나요.

(1) $a>0$일 때

(2) $a<0$일 때

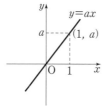

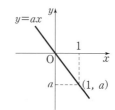

함수 $y=2x$의 그래프보다 $y=3x$ 그래프의 경사가 더 심하다. 즉 $y=ax$ 에서 $a$값이 클수록 경사가 심하다.

직선 그래프의 경사를 나타내는 $a$를 기울기라고 한다. 즉, 함수 $y=ax$에 서 기울기가 클수록 직선의 경사가 가파르게 된다.

**개념다지기 문제** 함수 $y=-\dfrac{3}{4}x$의 그래프를 그려 보세요.

**풀이** $y=ax$ 꼴의 함수는 반드시 원점을 지나고, $y=-\dfrac{3}{4}x$에 $x=4$ 를 대입하면 $y=-3$이므로 원점과 점$(4, -3)$을 이으면 구하고자 하는 그래프를 얻을 수 있어요. 그런데 왜 4를 대입할까요?

2를 대입해도 좋지만 $\dfrac{3}{4}$에서 분모가 4이므로 4를 대입하면 $\dfrac{3}{4}\times 4=3$ 으로 약분이 되어 계산이 편리하기 때문에 4를 대입한 거예요.

그러므로 원점과 점 $(4, -3)$을 이은 직선이 곧 이 함수의 그래프 가 돼요.

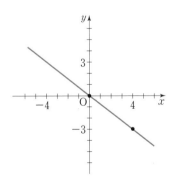

## 6. 함수의 그래프 그리기 : 곡선

앞에서 우리는 함수의 그래프가 점 또는 직선으로 표시되는 것을 공부했어요. 이번에는 함수의 그래프가 곡선으로 되는 경우를 생각해 봐요. 그런데 특이한 것은 곡선이 2개가 그려지는 점이에요. 그래서 **쌍곡선**이라고 부르죠. 쌍곡선 그래프는 고등학교에서 더 자세히 공부하는 부분이지만, 여기서는 직선과 비교하기 위해서 탐구하는 거랍니다. 직선의 그래프가 비례 관계에서 정비례의 관계였는데 이제 반비례 관계인 $y = \dfrac{6}{x}$의 그래프를 탐구해 봅시다. 그래프를 그리기 전에 먼저 대응하는 표를 만들어 봐요.

| $x$ | $-6$ | $-3$ | $-2$ | $-1$ | 1 | 2 | 3 | 6 |
|---|---|---|---|---|---|---|---|---|
| $y$ | $-1$ | $-2$ | ( ) | $-6$ | 6 | 3 | ( ) | ( ) |

표에서 만들어지는 순서쌍 8개 $(-6, -1)$, $(-3, -2)$, $(-2, -3)$, $(-1, -6)$, $(1, 6)$, $(2, 3)$, $(3, 2)$, $(6, 1)$를 좌표평면에 표시하면 이런 그래프를 얻을 수 있어요.

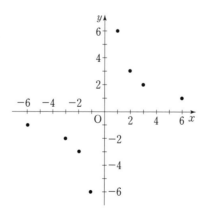

자, 이제는 함수 $y=\dfrac{6}{x}$에 대하여 좌표평면 상에서의 간격을 더 작게 나누어서 대응하는 표를 만들어 봐요.

다음의 순서쌍 15개를 좌표평면 위에 표시하면 위 그래프보다 더 촘촘한 그래프를 얻을 수 있어요.

| $x$ | $-6$ | $-4$ | $-3$ | $-\dfrac{5}{2}$ | $-2$ | $-\dfrac{3}{2}$ | $-1$ | $\dfrac{1}{2}$ | $1$ | $\dfrac{3}{2}$ | $2$ | $\dfrac{5}{2}$ | $3$ | $4$ | $6$ |
|---|---|---|---|---|---|---|---|---|---|---|---|---|---|---|---|
| $y$ | $-1$ | $-\dfrac{3}{2}$ | $-2$ | $-\dfrac{12}{5}$ | $-3$ | $-4$ | $-6$ | $12$ | $6$ | $4$ | $3$ | $\dfrac{12}{5}$ | $2$ | $\dfrac{3}{2}$ | $1$ |

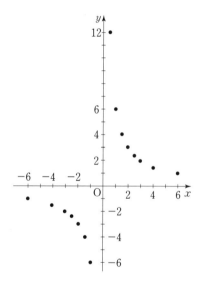

그 다음엔 $x$의 값을 0을 제외한 수 전체로 확장하면 매끄러운 곡선 한 쌍을 얻어요. 이때 곡선은 $x$축과 $y$축에 한없이 접근하면서 뻗어 나가는 곡선이죠.

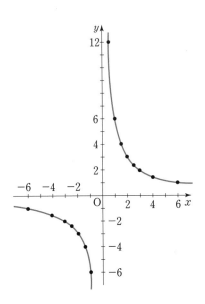

약속

쌍곡선의 쌍은 2개를 뜻하는 말로 보통 한 쌍이라고 표현할 때와 같은
의미이다.

개념다지기 문제 정의역이 0을 제외한 수 전체의 집합일 때, 함수 $y = -\dfrac{3}{x}$의
그래프를 그려 봐요.

풀이 $y = -\dfrac{3}{x}$을 만족하는 $x$, $y$의 값으로 몇 개의 순서쌍을 만들
어요.

$$(-3,\ 1),\ \left(-2,\ \frac{3}{2}\right),\ (-1,\ 3),\ (1,\ -3),\ \left(2,\ -\frac{3}{2}\right),\ (3,\ -1)$$

이 점을 좌표평면 위에 나타내고 곡선으로 연결하면 다음 그래프
와 같아요.

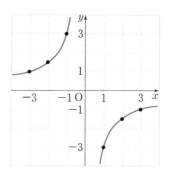

1. 함수 $y = \dfrac{a}{x}$의 그래프는 $x$값이 0을 제외한 수 전체를 취할 때 원점에
   대하여 대칭인 한 쌍의 곡선이다. 원점에 대하여 대칭이란 함수 $y = x$
   의 그래프로 접었을 때 완전히 포개어지는 것을 의미한다.

2. $a > 0$일 때 제1사분면과 제3사분면을 지나고, $a < 0$일 때 제2사분면
   과 제4사분면을 지난다.

   (1) $a > 0$일 때           (2) $a < 0$일 때

   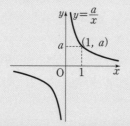          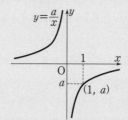

   함수 $y = ax$의 그래프에서도 $a > 0$일 때, 제1사분면과 제3사분면을
   지났고, $a < 0$일 때, 제2사분면과 제4사분면을 지났음을 기억하자.

## 7. 생활 속 함수의 적용

함수 $y=ax$의 식이 성립하는 문제는 정비례의 문제예요. 예를 들어, 마트에서 물건을 살 때 물건의 개수와 가격, 주유소에서 휘발유를 넣을 때 휘발유의 양과 가격, 캔 음료의 개수와 열량 등 우리 생활과 매우 밀접한 관계식이지요. 문제를 풀면서 조금 더 생각해 봐요.

영지는 1분에 한글 300타를 치고, 민수는 350타를 쳐요. 영지와 민수가 각각 $x$분 동안 입력할 수 있는 한글의 수를 $y$타라고 할 때 그 관계식을 구해 봐요.

먼저 식을 세우면 영지와 민수가 $x$분 동안 입력할 수 있는 한글의 수 $y$타는 각각 $y=300x$, $y=350x$예요.

(1) 영지가 6분 동안 입력한 한글의 수를 구하면
$y=300 \times 6 = 1800$타가 돼요.
(2) 민수가 5분 동안 입력한 한글의 수를 구하면
$y=350 \times 5 = 1750$타가 돼요.

반면에 $y=\dfrac{a}{x}$의 식이 성립하는 반비례의 문제는 우리 생활에서 언제 부딪힐까요? 이 문제도 비슷한 예로 그 차이점을 한번 살펴봐요.

컴퓨터로 3200타의 한글을 쳐야 하는 과제가 있어요. 1분당 $x$타를 입력하는 사람이 3200타를 모두 입력하는 데 걸리는 시간이

$y$분이라고 하면 $x$, $y$의 관계식은 무엇일까요?

또 1분에 320타를 치는 민우와 400타를 치는 기철이가 있다면 누가 몇 분 더 빨리 입력할 수 있을까요?

(1) 1분에 $x$타를 칠 때, $y$분에는 3200타를 치므로 이 관계를 비례식으로 먼저 세워요.

$1:x=y:3200$이며 $xy=3200$이므로 $y=\dfrac{3200}{x}$을 얻어요.

(2) 320타를 치는 민우는 $y=\dfrac{3200}{320}=10$이므로 10분, 400타를 치는 기철이는 $y=\dfrac{3200}{400}=8$이므로 8분이 걸려요. 즉 기철이가 2분 더 빨리 입력할 수 있어요.

이처럼 동일한 타자 문제이지만 문제에서 요구하는 것이 무엇인가에 따라 정비례 문제가 되기도 하고 반비례 문제가 되기도 해요.

**약속**

함수를 활용하여 문제를 풀 때는 다음과 같은 순서로 한다.

① 변하는 두 양을 변수 $x$, $y$로 정한다.

② 변하는 두 양 사이의 관계를 함수 $y=f(x)$로 나타낸다.

③ 그래프를 그리거나 관계식 $y=f(x)$로부터 필요한 값을 구한다.

④ 구한 값이 문제의 조건에 맞는지 확인한다.

## 8. 함수와 우주여행

고대 문명은 주로 이집트의 피라미드, 중국의 만리장성과 같은 거대한 건축물을 남겼어요. 그리고 이 무렵 도형의 연구는 주로 삼각형, 원 등에 관한 것이었죠. 그러다 대포를 비롯한 기계가 등장하면서 점이 움직일 때 만들어지는 도형에 관심을 갖기 시작했어요. 탄환의 경우 발사되면 시간이 지남에 따라 곡선을 그리면서 일정한 높이에 도달한 후 서서히 낙하하기 시작해요. 이때 속도, 높이, 거리 등의 문제를 생각할 수 있어요. 이처럼 운동하는 물체의 움직임을 연구하기 위해서는 좌표와 함수를 하나로 묶어서 생각해야 해요.

시간에 따라 움직이는 위치가 정해져 있는 로켓의 경우는 위치

이제 우주만
정복하면 돼!

를 추적하여 로켓이 위치한 천체의 모양을 한눈에 알 수도 있어요. 수학자는 미리 로켓의 시간과 위치 관계를 나타내는 함수식을 만들 수도 있지요. 우리나라의 나로 호도 물론 함수식에 따라 발사되었고, 지구 위를 돌면서 그 임무를 수행하고 있어요. 수학은 이처럼 우주여행을 가능하게 하는 첨단 문명의 언어, 즉 문명의 핵이라고 말할 수 있답니다.

나로 호

**개념다지기 문제 1** 민정이네 아버지는 차에 기름을 넣기 위해 주유소를 찾다가 다음 그림과 같은 광고판이 붙은 주유소로 들어섰어요.

주유를 시작하자 주유기 화면에 수치가 계속 바뀌었는데, 민정이는 이를 보고 수업 시간에 배운 식을 이용해 얼마만큼 주유될지 계산을 해 보기로 했어

요. 우리도 함께 계산해 봐요.(단, 주유한 양을 소수 첫째자리에서 반올림하여 구하세요.)

**풀이** 주유한 양은 $x\ell$, 주유 금액은 $y$원이라고 하면 이 둘 사이의 관계는 $y=1900x$이고, 주유 금액이 50000원이므로

$$50000=1900x$$

$$x=\frac{50000}{1900}\fallingdotseq26.3$$

따라서 주유한 기름의 양은 약 $26(\ell)$예요.

물탱크에 매분 $20\ell$씩 일정하게 물을 받고 있어요. 탱크에 물이 가득 찰 때까지 걸리는 시간을 $x$분, 물탱크의 용량을 $y\ell$라고 할 때 다음을 생각해 보세요.

(1) $x$와 $y$ 사이의 관계식을 구하라.

(2) 물탱크를 채우는 데 1시간 5분이 걸렸다면 물탱크의 크기는 얼마나 될까?

풀이

(1) 물탱크의 용량은 물이 나오는 속력과 걸리는 시간을 곱하면 돼요. 그러므로 $20 \times x = y$에서 관계식 $y = 20x$를 얻을 수 있어요.

(2) 먼저 물탱크를 채우는 데 걸린 시간 1시간 5분을 분으로 고치면 65분이에요. $x$에 65를 대입하면 $y = 20 \times 65 = 1300$이므로 물탱크의 용량은 $1300\ell$입니다.

개념다지기 문제 3 '일정한 온도에서 기체의 부피는 압력에 반비례한다'라는 보일의 법칙이 있어요. 즉 기체의 압력인 기압이 커질수록 기체의 부피는 작아지고, 기압이 작아질수록 부피는 커진다는 원리이지요. 여기 1기압일 때 부피가 $500\text{cm}^3$인 기체가 있어요. 기압이 $x$, 부피를 $y\text{cm}^3$라고 할 때 다음을 생각해 보세요.

(1) $x$와 $y$ 사이의 관계식을 구하라.

(2) 기체의 부피가 $2000\text{cm}^3$일 때, 압력을 구하여라.

(1) 기체의 부피는 압력에 반비례하므로 함수 $y=\dfrac{a}{x}$에 $x=1$, $y=500$을 대입하면 $500=\dfrac{a}{1}$이므로 $a=500$이 돼요.

따라서 $y=\dfrac{500}{x}$이에요.

(2) 함수 $y=\dfrac{500}{x}$에서 $y$에 $2000$을 대입하면 $2000=\dfrac{500}{x}$이고 $x=\dfrac{1}{4}$이 되므로, 답은 $\dfrac{1}{4}$기압이에요.

이 문제에서 우리는 물리와 화학의 법칙 등이 모두 수식, 즉 함수식으로 표현된다는 것을 알 수 있답니다.

## 제5장
# 통계

## 1. 통계의 시작

옛날 중국의 한 농부가 밭을 가는데, 토끼가 달려와 나무 그루터기에 부딪혀서 죽는 것을 보았어요. 농부는 그 일을 목격한 후에 괭이를 버리고 또 한 번의 행운이 오기만을 기대하면서 그 옆에 앉아 있기만 했다는 이야기가 있어요. 야생 동물도 먹잇감이 되는 동물을 어디에서 만날 수 있는지 알아차리면 가장 가능성이 높은 자리에서 기다려요. 그것은 생존하기 위한 최소한의 지혜죠.

수학에서는 식을 만들어서 답을 얻는 방법과 특정한 일이 발생하는 횟수를 모아서 판단하는 통계적 방법이 있어요. 인간은 본능적으로 간단한 일에 대해서도 무의식적으로 통계적 방법을 사용해 판단하곤 해요. 인간의 이러한 성향을 학문적으로 연구한 것이 바로 통계학이에요. 즉 통계학은 특정한 현상에 관한 일을 여러 번 관찰한 뒤 가장 유리한 것을 택하도록 하는 학문이에요.

정보통신과 기술의 발달은 신속하게 정보와 자료를 수집할 수 있게 하였고, 통계를 이용하는 방법도 간단해져서 유용하게 활용되고 있어요. 예를 들어 서울 같은 대도시의 어떤 특정 도로에서 계속하여 교통사고가 발생했다고 가정해 봐요. 공학적으로는 전혀 문제점이 발견되지 않는 지점인데 유별나게 사고가 자주 발생한다면 어떻게 처리해야 할까요? 이럴 때는 통계의 결과를 이용

할 수밖에 없어요. 사고가 발생한 시간대, 운전자의 나이, 성별 등에 관한 정보를 모두 모아 분석하고 주변 환경과의 관계를 고려한 후에 설계를 변경해서 사고를 감소시킨 일이 실제로 있었답니다.

쇼핑의 천국인 대형 백화점의 경우는 매일 상품 판매량을 통계적으로 분석하여 다음 날 판매할 상품의 수량을 준비해요. 또 매달 매장별로 판매량을 분석하여 다음 달에 판매할 상품을 결정하고 매장의 위치도 바꾸는 마케팅 전략을 세워요. 이처럼 통계는 우리 생활과 매우 밀접한 학문으로 자리매김하고 있어요.


## 2. 도수분포표란 무엇인가?

아래 표는 어느 카페에서 지난달 판매한 아이스 음료의 판매량을 일일이 기록한 표예요. 이 표는 날짜별로 음료의 판매량을 알아보기는 편리해요. 하지만 120개~150개가 팔린 날은 한 달 중 며칠인지를 알아보려면 불편하지요. 이 표를 가지고 필요한 정보를 얻으려면 어떻게 자료를 분석하는 것이 좋을까요?

**〈표1〉 아이스 음료의 하루 판매량**

| 일 | 1 | 2 | 3 | 4 | 5 | 6 | 7 | 8 | 9 | 10 |
|---|---|---|---|---|---|---|---|---|---|---|
| 음료수(개) | 88 | 102 | 115 | 83 | 128 | 125 | 102 | 98 | 113 | 107 |
| 일 | 11 | 12 | 13 | 14 | 15 | 16 | 17 | 18 | 19 | 20 |
| 음료수(개) | 117 | 105 | 127 | 135 | 92 | 106 | 123 | 106 | 121 | 148 |
| 일 | 21 | 22 | 23 | 24 | 25 | 26 | 27 | 28 | 29 | 30 |
| 음료수(개) | 139 | 125 | 100 | 96 | 107 | 112 | 133 | 141 | 106 | 111 |

민지는 10개씩 기준을 세워 판매량을 몇 개의 구간으로 나누었어요. 〈표1〉에서 1일의 88개를 보고 〈표2〉의 〈80개 이상~90개 미만〉 칸에 사선을 하나 그었어요. 그리고 다음 2일의 102개는 〈100개 이상~110개 미만〉 칸에 사선을 그어요. 이런 방식으로 일일이 사선을 긋는 일은 지루하지만 꼼꼼하게 한 번 해 놓고 나면 자료가 우리 눈에 확 들어오면서 자료를 분석할 수 있는 힘이 생기죠. 이때 주의할 점은 4개를 그은 후에 다섯 번째는 반대 방향으로 그어서 5개를 한 묶음으로 간편하게 처리해 주어야 해요.

#### 〈표2〉 아이스 음료의 판매 분포(1)

| 음료수 (개) | 날수 (일) | |
|---|---|---|
| $80^{이상}$~$90^{미만}$ | // | 2 |
| 90~100 | /// | 3 |
| 100~110 | 卌 //// | 9 |
| 110~120 | 卌 | 5 |
| 120~130 | 卌 / | 6 |
| 130~140 | /// | 3 |
| 140~150 | // | 2 |
| 합계 | 30 | |

이 카페에서 가장 적게 팔린 날은 4일로 83개이고, 가장 많이 팔린 날은 20일로 148개가 팔렸어요. 그러므로 처음 구간을 83이 들어갈 수 있도록 〈80개 이상~90개 미만〉으로 잡았어요. 즉 80, 81, 82, …, 89까지만 이 구간에 들어가요. 그 다음에는 90, 91, 92, …, 100까지의 구간으로 〈90개 이상~100개 미만〉으로 구간을 정해요.

이때 구간의 폭을 반드시 10으로만 할 필요는 없어요. 자료의 성질에 따라서 적당한 값을 취하는 것이 문제 해결의 전략이에요. 이 표에서는 제일 큰 값이 148이므로 〈140개 이상~150개 미만〉이 마지막 구간이 되면서 결과적으로 7구간으로 나뉘었어요.

여기서는 아이스 음료가 팔린 개수를 변량이라고 해요. 변량을 일정한 간격으로 나눈 구간인 아이스 음료의 판매량을 7구간으로 나눈 것을 계급이라고 부르며, 구간의 너비를 계급의 크기라고 해요. 따라서 이 문제에서 계급의 크기는 10이 돼요.

각 계급에 속하는 자료의 수는 그 계급의 도수라고 부르며, 위와 같이 자료를 계급으로 나누고 도수를 조사하여 나타낸 표를 도수분포표라고 해요.

그러므로 〈표2〉의 도수분포표에서 도수가 5인 계급은 110개 이상~120개 미만이에요. 〈표1〉을 볼 때는 주어진 자료를 어떻게 해석해야 할지 감이 오지 않았지만 도수분포표를 보니 한눈에 자료가 이해되지요? 이것이 바로 통계의 묘미랍니다.

> **약속**
>
> 계급이라는 단어는 군인들의 계급장에도 사용되는 말이다. 통계학에서 계급은 영어로 반이나 학급을 의미하는 class인데 계급으로 번역하여 사용하고 있다.

자, 이번에는 이런 생각을 해 봐요. 똑같은 〈표1〉을 가지고 민지는 계급의 크기를 10으로 했는데 민철이는 5로 해 보았어요. 그럼

〈표2〉와 다른 새로운 도수분포표가 만들어지겠죠? 계급의 크기가 10일 때와 5로 할 때의 차이점은 무엇일까요? 5로 정하면 계급의 개수가 7개에서 몇 개로 될까요?

표를 정리해 보면 계급의 개수는 14개예요. 가장 작은 계급은 〈80개 이상~85개 미만〉이고 가장 큰 계급은 〈145개 이상~150개 미만〉이 되죠. 가장 작은 변량은 83이고, 가장 큰 변량은 148이기 때문이에요.

위의 문제에서 계급을 말할 때 80개 이상~90개 미만, 또는 90개 이상~100개 미만이라고 하기에는 뭔가 불편하고 명확하지 않은 것처럼 느껴지죠? 그래서 학급의 학생을 대표하는 반장을 뽑듯이 계급을 대표하는 값을 생각하게 되었어요. 이를 계급값이라고 불러요. 계급 양끝의 값 2개를 합하여 둘로 나누어서 구한 값이죠. 즉, 계급 〈130개 이상~140개 미만〉의 계급값은 $\dfrac{130+140}{2}=135$예요.

$$계급값 = \frac{(계급의\ 양\ 끝값의\ 합)}{2}$$

다음에 나오는 〈표3〉은 〈표1〉을 가지고 계급의 크기를 40으로 만든 새로운 도수분포표예요.

**〈표3〉 아이스음료의 판매 분포(2)**

| 음료수 (개) | 날 수 (일) |
|---|---|
| $80^{이상} \sim 120^{미만}$ | 19 |
| 120~160 | 11 |
| 합계 | 30 |

계급의 개수가 2개로 확 줄었네요. 무척 간단해 보이지만, 이 표로는 자료의 분포 상태를 파악하기가 어려워요. 이처럼 도수분포표를 만들 때는 계급의 크기를 바르게 정하는 것이 중요해요. 일반적으로 계급의 개수는 자료의 양에 따라 5~15개 정도로 정하는 것이 좋아요.


## 3. 도수분포표에서 평균을 구하자

스포츠에서 등위를 결정하는 방법은 여러 가지가 있어요. 피겨스케이팅은 10명의 심사위원들이 5가지 영역을 채점한 점수를 합산하여 결정해요. 즉 기술성, 독창성, 조화성, 리듬감, 안정성을 각각 점수화하는 것이에요. 그런데 심사위원들의 편파적인 판단을 막기 위해 최고점과 최저점을 제외한 심사위원 8명의 평균점으로 순위를 결정하도록 안전장치를 해 놓았어요. 어떤 피겨스케이팅 선수의 연기를 보고 10명의 심판관이 아래와 같은 판정을 내렸다면 평균점은 얼마일까요?

$$10 \quad 8 \quad 6 \quad 9 \quad 5 \quad 7 \quad 6 \quad 8 \quad 4 \quad 7$$

최고점 10과 최저점 4를 뺀 나머지 점수들의 평균은 $\dfrac{8+6+9+5+7+6+8+7}{8} = \dfrac{56}{8} = 7$(점)이에요. 이 경우 심사위원의 점수가 변량이 되었어요. 이처럼 각 변량의 값을 합하여 자료의 개수로 나눈 값, 즉 평균값은 자료 전체의 경향을 파악하는 대표적인 값으로 사용해요.

그럼 이번에는 도수분포표로 평균을 구하는 문제를 생각해 봐요.

〈표4〉 영화 관람 편 수

| 영화 관람 수 (편) | 도수 (명) |
|---|---|
| $0^{이상} \sim 5^{미만}$ | 8 |
| 5 ~10 | 15 |
| 10 ~15 | 21 |
| 15 ~20 | 6 |
| 합계 | 50 |

위 표는 대학생 50명을 대상으로 일 년간 영화관에 가서 관람한

영화의 편수를 조사하여 만든 도수분포표예요. 이 학생들은 일 년 간 영화관에 가서 평균 몇 편의 영화를 보았는지 구해 봐요.

도수분포표로 주어졌을 때는 평균을 어떻게 구해야 할까요? 도수분포표에서는 각 계급에 속하는 변량은 알 수 있지만 각 사람이 관람한 정확한 영화의 편수는 알 수 없어요.

이럴 때는 변량을 대표하는 값으로 각 계급의 계급값을 사용해요. 즉 계급이 0편 이상 5편 미만의 계급값은 $\frac{0+5}{2}=2.5$(편)으로, 5편 이상 10편 미만의 계급값은 $\frac{5+10}{2}=7.5$(편)으로 사용해요. 그러므로 이 도수분포표로 평균값을 구하려면 첫 번째 계급값 2.5에다 도수 8을 곱하고, 두 번째 계급값 7.5에다 도수 15를 곱하면 돼요. 마찬가지 방법으로 세 번째, 네 번째의 계급값과 도수를 곱하여 모두 합한 것을 총 도수 50으로 나누면 평균값이 되지요.

---

**약속**

도수분포표에서의 평균$=\dfrac{\{(계급값)\times(도수)\}의\ 총합}{전체\ 도수}$

이 평균은 자료의 대략적인 평균을 나타내므로 실제 평균과 다를 수 있다.

---

앞의 〈표4〉를 보고 다음처럼 표를 완성했어요.

풀이

| 영화 관람 수 (편) | 계급값 | 도수 (명) | (계급값)×(도수) |
|---|---|---|---|
| 0$^{이상}$~5$^{미만}$ | 2.5 | 8 | $2.5 \times 8 = 20$ |
| 5 ~10 | 7.5 | 15 | $7.5 \times 15 = 112.5$ |
| 10 ~15 | 12.5 | 21 | $12.5 \times 21 = 262.5$ |
| 15 ~20 | 17.5 | 6 | $17.5 \times 6 = 105$ |
| 합계 | | 50 | 500 |

이제 평균을 구하면 $\dfrac{20+112.5+262.5+105}{50} = \dfrac{500}{50} = 10$이므로 조사에 응한 대학생 50명은 일 년간 평균 10편의 영화를 관람한 것으로 조사되었어요.

## 4. 히스토그램과 도수분포다각형

다음은 2009년 국가별 1인당 전력 소비량을 조사한 표와 막대 그래프예요. 전력 소비량이 가장 큰 나라는 어디일까요?

〈표5〉 2009년 국가별 1인당 전력 소비량

| 나라 | 캐나다 | 노르웨이 | UAE | 한국 | 룩셈부르크 |
|---|---|---|---|---|---|
| 1인당 전력 소비량 (kwh/인) | 15467 | 23558 | 17296 | 8980 | 14447 |
| 나라 | 아이슬란드 | 카타르 | 쿠웨이트 | 핀란드 | 스웨덴 |
| 1인당 전력 소비량 (kwh/인) | 51179 | 16353 | 16673 | 15241 | 14141 |

〈표5〉를 보고 왼쪽에서부터 차례차례 수치를 비교해 봐요. 아이슬란드가 가장 수치가 크죠? 막대그래프를 이용하면 한눈에 막대 기둥의 높이가 가장 높은 나라가 아이슬란드라는 사실을 금세 알 수 있어요. 막대그래프에 따르면 기둥이 가장 낮은 우리나라가 전력 소비를 가장 적게 한다는 걸 알 수 있지요.

예를 들어 캐나다와 한국의 1인당 전력 소비량이 얼마나 차이가 나는지를 알아보려면 〈표5〉가 편리해요. 정확한 수치가 적혀 있는 표에서 15467−8980=6487을 구할 수 있기 때문이죠.

그러나 정확한 수치를 요구하는 것이 아니라 '가장 많이 소비하는 나라' 또는 '가장 적게 소비하는 나라'를 알고자 할 때는 막대그래프가 편리해요. 이처럼 통계의 자료에서는 문제의 상황에 따라서 자료를 적절히 선택하는 것이 중요해요.

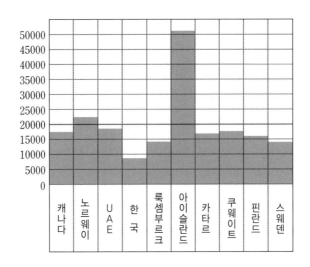

다음은 어느 지역의 일교차를 한 달 동안 조사한 도수분포표예요.

| 일교차 (℃) | 날 수 (일) |
|---|---|
| 0<sup>이상</sup>~5<sup>미만</sup> | 5 |
| 5~10 | 9 |
| 10~15 | 15 |
| 15~20 | 2 |
| 합계 | 31 |

이 도수분포표를 가지고 막대그래프를 그리는 방법을 알아봐요.

① 가로축에다 계급의 양 끝값을 차례대로 써 넣어요. 이 문제
에서는 가로축의 온도를 0부터 5씩 더하여 20까지 적어요.

② 세로축에는 도수인 날 수를 써 넣는데 이때 가장 큰 도수가
15이므로 20까지 잡으면 충분해요.

③ 계급의 크기를 가로로, 도수를 세로로 하는 직사각형을 차례
로 그려요. 즉, 처음 사각형은 높이가 5, 두 번째는 9, 그 다
음은 15, 마지막은 2가 되도록 직사각형을 그리면 돼요.

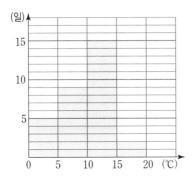

1. 위와 같이 그린 그래프를 히스토그램histogram이라고 한다. 역사를 나타내는 '히스토리history'와 기록을 나타내는 접미어 '그램gram'으로 된 합성어이다.
2. 히스토그램을 그릴 때의 주의 사항은 다음과 같다.
① 계급의 크기가 모두 같으므로 직사각형 가로의 길이를 똑같이 한다.
② 계급이 연속적으로 이어지므로 직사각형들은 서로 연결되도록 그린다. 이때 직사각형의 가로 길이가 똑같으므로 직사각형의 면적은 도수에 정비례한다.

다음 그래프는 앞에서 그렸던 일교차에 관한 히스토그램이에요. 그런데 히스토그램 위에 검은색 선이 첨가되었어요. 검은색 선은 히스토그램을 이루는 각 직사각형의 윗변에서 중점을 차례로 찍은 후에 선분으로 연결한 거예요.

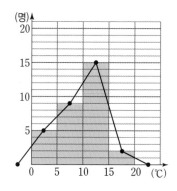

이때 한 가지 주의할 점이 있어요. 왼쪽과 오른쪽 양 끝은 도수

가 0인 계급이 하나씩 더 있는 것으로 생각하고 그 중점과 연결하는 거지요.

이처럼 막대그래프에서 직사각형의 윗변 중점을 선분으로 연결했을 때 만들어지는 꺾은선을 **도수분포다각형**이라고 해요.

**더 알아보기** **히스토그램과 도수분포다각형의 편리함은 무엇일까요?**

히스토그램은 직사각형으로 된 막대로 나타낸 것으로 가장 높은 값, 가장 작은 값을 금세 파악하기에 좋아요. 반면에 도수분포다각형에서는 선분이 오른쪽 방향으로 가파르게 오르고 있으면 자료의 증가율이 높은 것이고, 완만하면 낮은 것으로 쉽게 이해되는 장점이 있어요.

또한 선분이 오른쪽 방향으로 가파르게 내려가면 자료의 감소율이 높은 것이고, 완만하면 낮은 거예요.

## 5. 상대도수의 분포표와 그래프

영진이는 수학 시험을 보았는데 대략 점수가 85점 정도로 예상돼요. 수학 선생님은 개인별 성적 대신에 수학 성적을 도수분포표로 발표했어요.

영진이는 자기 성적이 반에서 어느 정도의 위치에 있는지 몹시 궁금했어요. 영진이의 성적이 포함된 80점 이상 90점 미만인 학생

은 6명이었어요. 이때 6명은 이 학급에서 많은 수일까요, 적은 수
일까요?

| 수학 성적 (점) | 학생 수 (명) |
|---|---|
| $50^{이상} \sim 60^{미만}$ | 6 |
| 60~70 | 3 |
| 70~80 | 12 |
| 80~90 | 6 |
| 90~100 | 3 |
| 합계 | 30 |

생각
열기 도수분포표는 각 계급의 도수는 쉽게 알 수 있지만 각 계급의 도수
가 전체에서 차지하는 비율을 알아보기에는 불편해요.

그래서 각 계급의 도수가 전체에서 차지하는 비율을 비교하기 위
해 각 계급의 도수를 전체 도수로 나눈 값을 이용해요. 즉 영진이가
속한 계급의 도수 6명을 전체 학생 수 30명으로 나눈 값 $\frac{6}{30}=0.2$
가 80점 이상 90점 미만인 계급의 상대도수예요. 전체를 1로 볼 때
0.2에 해당하는 비율이란 뜻이죠. 즉 도수분포표에서 전체 도수에
대한 각 계급의 도수의 비율을 그 계급의 **상대도수**라고 해요.

약속

1. 상대도수$=\dfrac{계급의\ 도수}{전체\ 도수}$

2. 상대도수의 합은 항상 1이다.

3. 상대도수$\times 100=$백분율(%)

위의 도수분포표를 가지고 상대도수분포표를 완성해 봐요.

50점 이상 60점 미만 : $\dfrac{6}{30}=0.2$

60점 이상 70점 미만 : $\dfrac{3}{30}=0.1$

70점 이상 80점 미만 : $\dfrac{12}{30}=0.4$

80점 이상 90점 미만 : $\dfrac{6}{30}=0.2$

90점 이상 100점 미만 : $\dfrac{3}{30}=0.1$이므로 다음과 같이 표를 완성할 수 있어요.

| 수학성적 (점) | 학생 수(명) | 상대도수 |
|---|---|---|
| $50^{이상}\sim60^{미만}$ | 6 | 0.2 |
| 60~70 | 3 | 0.1 |
| 70~80 | 12 | 0.4 |
| 80~90 | 6 | 0.2 |
| 90~100 | 3 | 0.1 |
| 합계 | 30 | 1 |

　도수분포표를 가지고 히스토그램이나 도수분포다각형을 그리면 자료의 분포 상태를 쉽게 이해할 수 있어요. 마찬가지로 상대도수의 분포표를 가지고도 히스토그램이나 도수분포다각형 같은 그래프를 그릴 수가 있어요. 히스토그램과 도수분포다각형을 그릴 때와 마찬가지로 가로축에는 계급을 표시하고, 세로축에 상대도수를 써 넣는다는 것이 차이점이에요.

아래 그래프는 영진이네 학급 수학 성적의 상대도수 분포표를 바탕으로 그린 히스토그램과 상대도수분포의 다각형 그래프예요. 상대도수분포다각형은 도수분포다각형처럼 직사각형 윗변의 가운 뎃점을 이으면 돼요.

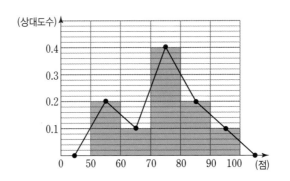

## 6. 누적도수 분포표와 그래프

앞에서 보았던 영진이네 학급 수학 성적의 도수분포표에서 영진이가 자기 점수를 85점으로 예측했다고 가정해 봐요. 영진이가 자기가 속한 계급이 학급에서 어느 정도의 모둠인지 그 비율을 알고 싶다면 상대도수를 알아보면 돼요. 또한 상대도수에다 100을 곱하면 백분율(%)이 된다는 것도 알았어요. 그런데 영진이는 이제 자기 성적이 꼴찌에서부터 계산할 때 몇 번째가 되는지 궁금해졌어요.

이럴 때는 새로운 개념인 누적도수를 사용해야 해요. 즉 50점 이상 60점 미만인 학생이 6명이고, 60점 이상 70점 미만인 학생은

3명이므로, 70점 미만의 학생은 모두 6명과 3명을 합하여 9명이 돼요. 즉 처음 누적도수는 도수와 같은 값이지만, 두 번째 누적도수는 첫 번째 누적도수에다 두 번째 도수를 합하고, 세 번째 누적도수는 두 번째 누적도수에다 세 번째 도수를 합하면 돼요. 그러므로 다음과 같은 누적도수 분포표를 얻을 수 있어요. 자료의 값을 작은 것부터 차례로 배열하였을 때, 작은 쪽에서부터 몇 번째 자료의 값이 대략 얼마인가를 알아보기에 편리하답니다.

| 수학성적 (점) | 학생 수 (명) | 누적도수 |
|---|---|---|
| $50^{이상} \sim 60^{미만}$ | 6 | 6 |
| 60~70 | 3 | 9(6+3) |
| 70~80 | 12 | 21(9+12) |
| 80~90 | 6 | 27(21+6) |
| 90~100 | 3 | 30(27+3) |
| 합계 | 30 | |

**약속**

도수분포표에서 처음 계급의 도수에서부터 어떤 계급까지의 도수를 모두 더한 값을 그 계급의 누적도수라고 한다.

누적도수를 가지고도 그래프를 그릴 수 있을까요? 물론이에요. 앞에서 생각했던 영진이네 반 수학 성적에 대한 누적도수그래프를 그려 봐요.

히스토그램과 도수분포다각형, 상대도수 분포표로 그래프를 그리듯이 가로

| 수학성적 (점) | 누적도수 |
|---|---|
| $50^{이상} \sim 60^{미만}$ | 6 |
| 60~70 | 9 |
| 70~80 | 21 |
| 80~90 | 27 |
| 90~100 | 30 |
| 합계 | |

축에는 계급을 표시해요. 그리고 세로축에 누적도수를 써 넣어요. 누적도수를 6부터 차례로 9, 21, 27, 30까지 연결하면 계속 증가하는 꺾은선 그래프가 돼요. 누적도수는 도수를 합한 값이므로 마지막 도수는 항상 총 도수의 합이 된답니다.

**누적도수 분포표를 그리는 순서**

① 가로축에 각 계급의 양 끝 값을, 세로축에는 누적도수를 써 넣는다.

② 처음 계급의 왼쪽 끝에 세로축의 값이 0인 점을 찍고, 각 계급의 양 끝의 값 중 큰 쪽에 계급의 누적도수를 대응시켜 점을 찍는다. 즉, 60점에 6명을 대응시키고, 70점에 9명을 대응시키는 점을 찍어 나가면서 마지막에는 100점에 총 도수의 합 30명을 대응시킨다.

③ 각 점을 선분으로 연결한다.

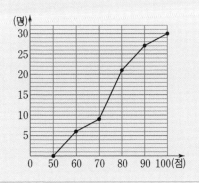

## 7. 통계학의 역사

"통계 없는 국가 경영이란 있을 수 없다."

이 말은 무슨 뜻일까요? 나라를 통치하려면 국민 총 인구, 노동 인구의 세금, 군인의 수와 무기의 관계, 필요한 경비 등을 감안해서 예산을 편성해야 해요. 고대 이집트와 중국의 문명이 발달한 것은 통계적 방법을 잘 활용하여 적절한 정치를 했기 때문이에요.

영어 state는 '국가'라는 뜻과 '상태'라는 두 가지 뜻이 있어요. '국가'와 '상태'의 의미는 통계라는 단어에 잘 표현되고 있어요. 근대 통계학은 처음 영국에서 '정치산술'이란 이름으로 사용되기 시작했지만, 나라의 상태를 파악하기 위해 '국가와 상태의 학문'이란 뜻에서 statistics로 이름 붙였어요.

17세기경 영국에는 무서운 페스트가 대유행하였고 런던 시청에서는 매일 매일 죽은 사람의 수를 발표했어요. 사람들은 '오늘은 얼마나 사망자가 나올까?'라고 궁금해하며 큰 화젯거리로 삼았지요. 사망자 수는 점점 경제에 악영향을 주었고 죽음에 대한 공포심을 불러 일으켰어요. 이대로 가면 런던 시민이 모두 죽게 될 거라는 불안한 생각이 퍼져 나갔죠. 런던 시당국은 출생자와 사망자

수 그리고 경제와의 관계에 관심을 갖게 되었고, 수학자는 통계학을 연구하여 논문을 발표하기 시작했어요. 이들은 모두 많은 사실을 관찰하고 통계치를 만든 후에, 이것을 기초 자료로 미래를 예측했어요.

이렇게 일단 통계치를 구하고 나면 그 전에는 알지 못했던 일이 분명한 윤곽을 찾게 되면서 해결의 실마리가 보인답니다.

---

**개념다지기 문제 1** 다음은 어느 반 학생 27명의 일주일 동안 평균 휴대전화 사용 시간을 조사한 자료예요. (단위 : 분)

| | | | | | | | | |
|---|---|---|---|---|---|---|---|---|
| 30 | 65 | 120 | 84 | 60 | 100 | 70 | 45 | 0 |
| 140 | 20 | 80 | 65 | 155 | 35 | 178 | 90 | 66 |
| 105 | 95 | 100 | 70 | 45 | 80 | 40 | 125 | 39 |

**풀이** 위의 표를 보고, 아래 도수분포표를 완성하였어요.

| 사용 시간 (분) | 학생 수 (명) |
|---|---|
| 0$^{이상}$~50$^{미만}$ | 8 |
| 50~100 | 11 |
| 100~150 | 6 |
| 150~200 | 2 |
| 합계 | 27 |

이 표에서 도수가 가장 큰 계급은 학생 수가 11명인 50분 이상 100

분 미만이에요. 휴대전화 사용 시간이 140분인 학생이 속하는 계급의 계급값을 구하여 보면, 100분 이상 150분 미만의 계급에서 양 끝 값인 100과 150을 합하여 2로 나눈 값으로 $\dfrac{100+150}{2}=125$ 분이에요.

개념다지기 문제 2 **오른쪽 표는 어느 중학교 1학년 5반 학생들의 몸무게를 조사한 도수분포표예요.**

| 몸무게 (kg) | 학생 수 (명) |
|---|---|
| $30^{이상}$~$40^{미만}$ | 2 |
| 40~50 | 8 |
| 50~60 | 11 |
| 60~70 | 6 |
| 70~80 | 3 |
| 합계 | 30 |

(1) 몸무게의 평균을 구해 보세요.

(2) 이 학급에서 몸무게가 평균보다 작은 학생은 적어도 몇 명 이상인지 구해 보세요.

풀이

(1) 평균 몸무게를 구하려면 각각의 계급값과 도수를 곱하여서 총 도수로 나누어요. 즉 첫 번째 구간의 계급값 $\dfrac{30+40}{2}=35$에 도수 2를 곱하고, 두 번째 구간의 계급값 $\dfrac{40+50}{2}=45$에 도수 8을 곱하고, … 마지막으로 $\dfrac{70+80}{2}=75$에 도수 3을 곱하여 모두 더한 후에 총 도수 30으로 나누면 돼요.

즉 평균 몸무게는 $\dfrac{35\times2+45\times8+55\times11+65\times6+75\times3}{30}=$ $\dfrac{1650}{30}=55(\text{kg})$이에요.

(2) 평균 몸무게가 55kg이므로 평균 몸무게가 속한 계급 50kg 이

**146** 중학생을 위한 **스토리텔링 수학** 1학년

상 60kg 미만보다 작은 학생 수를 구하면 돼요. 즉 2+8 =10

으로 적어도 10명 이상의 학생들이 평균 몸무게보다 적게 나

간답니다.

개념다지기 문제 3 다음 도수분포표는 은

영이네 학급 32명 학생의 하루 여가 시간

을 조사한 거예요. 표를 바탕으로 히스토

그램을 그려 보세요.

| 여가 시간 (시간) | 학생 수 (명) |
|---|---|
| $0^{이상}{\sim}1^{미만}$ | 3 |
| 1~2 | 5 |
| 2~3 | 16 |
| 3~4 | 8 |
| 합계 | 32 |

풀이 이 문제는 계급의 크기가 1시간

이므로 0부터 1시간의 간격으로 가로

축을 정하고, 세로축에는 도수에 해당

하는 학생 수를 적어요. 가장 큰 값의

계급이 3시간 이상 4시간 미만이고

가장 큰 도수가 16명이므로 가로축은

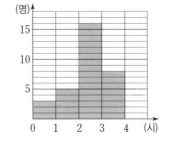

5까지, 세로축은 20까지 잡으면 충분해요. 물론 세로축을 23 또는

25까지 잡아도 괜찮아요.

개념다지기 문제 4 다음은 어느 중학교 1학년 학생 전체의 통학 시간을 조사

하여 나타낸 히스토그램이에요.

(1) 계급의 크기는 얼마인가요?

(2) 전체 학생 수는 얼마인가요?

(3) 통학 시간이 30분 이상인 학생은 전체의 몇 %인지 소수 첫째
자리에서 반올림하여 구해 보세요.

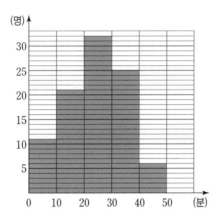

풀이

(1) 그래프에서 가로축이 10분 간격으로 눈금이 정해져 있으므로
계급의 크기는 10(분)이에요.

(2) 처음 직사각형의 높이부터 차례로 눈금을 확인하면 11, 21,
32, 25, 6이므로 이 도수를 모두 합하면 11+21+32+25+
6=95(명)이에요.

(3) 통학 시간이 30분 이상인 계급은 2개예요.

30분 이상~40분 미만 : 25명

40분 이상~50분 미만 : 6명

따라서 전체 학생수가 95명이므로

$\frac{(25+6)}{95} \times 100 = \frac{31}{95} \times 100 = 32.6(\%)$이고, 소수 첫째자리에
서 반올림하므로 답은 33%예요.

다음 그래프는 성

은이네 반 학생들의 평균 하교 시각

을 조사하여 도수분포다각형으로 나

타낸 것이에요.

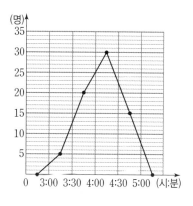

(1) 하교하는 학생 수가 10명 이

상 20명 미만인 시간대를 구

해 보세요.

(2) 어느 단체에서 하교하는 학생들을 대상으로 여름캠프를 홍보하

는 팸플릿을 1시간 동안 나누어 주려고 해요. 가장 많은 학생들

에게 나누어 주려면 어느 시간대에 나누어 주는 게 좋을까요?

풀이

(1) 먼저 그래프의 세로축에서 도수가 10명 이상 20명 미만 범위

를 선택해요. 그런 다음 해당하는 시간대를 찾으면 3시 30분

~4시와 4시 30분~5시가 해당돼요.

(2) 가장 많은 학생이 하교하는 시간은 4시~4시 30분이며, 그 전

후로 30분을 정하는 게 문제의 핵심이에요. 그래프를 보면 3시

30분~4시까지를 선택하는 것이 유리하므로 3시 30분에서 4시

30분까지 홍보하는 것이 효과적이랍니다.

아래 표는 시민 **100**명을 대상으로 휴대전화로 **30**초 동안

문자를 입력하는 속도를 조사하여 만든 상대도수분포표예요.

| 문자 입력 속도(타) | 학생 수 (명) | 상대도수 |
|---|---|---|
| $0^{이상}{\sim}20^{미만}$ | 5 | |
| 20~40 | 19 | |
| 40~60 | 23 | |
| 60~80 | 35 | |
| 80~100 | 18 | |
| 합계 | 100 | |

(1) 상대도수를 구하는 방법을 설명해 보세요.

(2) 문자 입력 속도가 40타 이상 80타 미만인 학생들의 상대도수
    와 백분율(%)을 구해 보세요.

풀이

(1) $(상대도수)=\dfrac{(그\ 계급의\ 도수)}{(전체\ 도수)}$이므로 위에서부터 순서대로

$\dfrac{5}{100}=0.05$, $\dfrac{19}{100}=0.19$, $\dfrac{23}{100}=0.23$, $\dfrac{35}{100}=0.35$,

$\dfrac{18}{100}=0.18$이에요.

(2) 40타 이상 60타 미만, 60타 이상 80타 미만의 학생 수를 더하
    면 $23+35=58$(명)이에요.
    그러므로 상대도수는 $\dfrac{58}{100}=0.58$이고, 백분율은 상대도수에
    100을 곱하므로 58%가 돼요.

| 문자 입력 속도(타) | 학생 수 (명) | 상대도수 |
| --- | --- | --- |
| $0^{이상}$~$20^{미만}$ | 5 | 0.05 |
| 20~40 | 19 | 0.19 |
| 40~60 | 23 | 0.23 |
| 60~80 | 35 | 0.35 |
| 80~100 | 18 | 0.18 |
| 합계 | 100 | 1 |

개념다지기 문제 7 진형이네 학급은 키가 작은 사람부터 일렬로 세운 후에 출석번호를 정하기로 했어요. 이 학급의 도수분포표는 다음과 같지요.

| 키 (cm) | 학생 수 (명) | 누적도수 |
| --- | --- | --- |
| $140^{이상}$~$150^{미만}$ | 3 | |
| 150~160 | 9 | |
| 160~170 | 14 | |
| 170~180 | 4 | |
| 180~190 | 1 | |
| 합계 | 31 | |

(1) 누적도수 분포표를 완성해 보세요.

(2) 키가 171cm인 진형이의 출석번호는 최소한 몇 번보다 클까요?

풀이

(1) 150이상 160미만 계급의 누적도수는 3＋9＝12이고, 160~170은 12＋14＝26, 170~180은 26＋4＝30, 180~190은 30＋1＝31이에요.

(2) 진형이가 속한 계급보다 작은 계급까지의 누적도수가 26이므로 진형이의 출석번호는 최소 26번보다는 클 것입니다.

| 키 (cm) | 학생 수 (명) | 누적도수 |
|---|---|---|
| 140$^{이상}$~150$^{미만}$ | 3 | 3 |
| 150~160 | 9 | 12(3+9) |
| 160~170 | 14 | 26(12+14) |
| 170~180 | 4 | 30(26+4) |
| 180~190 | 1 | 31(30+1) |
| 합계 | 31 | |

# 제6장
# 기본 도형과 작도

## 1. 도형은 머리에서 하는 건축술

평소 흔히 접하는 점과 직선을 새삼스럽게 도형이라는 이름으로 교과서에서 만나니까 좀 이상한 기분이 들 수도 있어요. 하지만 천문학자는 거대한 별들을 점으로 생각하고, 비행기 조종사는 대도시를 점으로 여기면서 비행을 해요.

선도 마찬가지예요. 줄다리기로 팽팽해진 줄 또는 하늘에 그려지는 제트 기류의 선, 측량 기사가 머리에 그리는 보이지 않은 선을 모두 선이라고 말해 왔어요. 이들에게는 공통점이 있어요. 점은 위치를 나타내고, 직선은 두 점 사이의 가장 짧은 거리를 나타낸답니다.

이러한 간단한 사실을 기반으로 해서 차곡차곡 삼각형, 다각형,

원을 비롯하여 점점 복잡한 도형에 관한 것을 낱낱이 증명하면서 탑을 쌓는 것이 곧 도형의 공부예요. 그러므로 '도형은 머릿속에서 하는 건축'이라고도 말한답니다.

고대 이집트와 중국 등 대제국은 모두 농업 국가였어요. 농토의 넓이를 계산하거나 수리 시설을 위한 토목 공사를 하려면 도형 지식이 있어야 했어요. 그런데 수학자의 연구는 왕을 위한 학문이었으므로 그 내용을 백성들에게는 알리지 않고 오히려 '신의 지식'이라 내세우며 감추기까지 했어요. 그러나 누구에게도 얽매이지 않았던 그리스의 학자들은 많은 사람에게 인정받기 위해 꼭 증명을 하여 자기들의 논리가 옳다는 것을 입증했어요. 증명과 함께 도형은 모든 이들에게 알려지기 시작했지요.

## 2. 도형의 기본: 점, 선, 면

신호등과 자동차의 헤드라이트는 여러 개의 점들이 모여 밝은 빛을 뿜어내요. 텔레비전 화면과 컴퓨터 모니터 역시 픽셀pixel: picture element이라고 부르는 작은 점이 모여서 커다란 화면을 구성해요.

도형의 학문인 기하학의 출발은 점이에요. 물방울이 모여서 작은 시냇물이 되고, 시냇물이 모여 강물을 이루듯이 점들이 모이면 선(곡선과 직선)이 되고, 선들이 모이면 평면, 평면이 모이면 부피를 갖는 입체가 돼요.

**약속**

1. 선과 선 또는 선과 면이 만날 때 생기는 점을 교점이라 하고, 면과 면이 만나서 생기는 선을 교선이라고 한다.

2. 교점에서 반드시 2개의 선만이 만날 필요는 없다. 3개 이상의 선이 한 점에서 만날 수도 있다.

## 3. 직선과 반직선 그리고 선분

우리나라의 전통 부채를 보면 여러 개의 대나무 살에 한지를 붙이고 예쁜 그림을 그려서 만들어요. 손잡이를 중심으로 펼치면 부채꼴 도형이 되는데 손으로 잡는 부채의 중심점을 A라고 할 때 각각의 부채 살은 모두 한 점 A를 통과해요. 이때 A와 B를 지나는 부채 살은 몇 개나 될까요?

**생각 열기** 위 문제의 답은 오직 한 개예요. 마찬가지로 A와 C를 지나는 부채 살 역시 한 개예요.

기하학에서 한 점 A를 지나는 직선은 무수히 많지만 서로 다른 두 점 A, B를 지나는 직선은 오직 하나뿐이에요. 수학에서는 이 내용을 다음과 같이 기호로 표시해요.

① 서로 다른 두 점 A, B를 지나는 직선을 직선 AB라 하고, 기호로 $\overleftrightarrow{AB}$와 같이 나타내요.

② 직선 위의 한 점 A로부터 시작하여 점 B쪽 방향으로만 뻗어 나가는 부분을 반직선 AB라고 하며 기호로 $\overrightarrow{AB}$와 같이 나타내요. 물론 점 B로부터 시작하

여 점 A쪽 방향으로만 뻗어 나가는 반직선도 있어요. 이때는 반
직선 BA라고 하며 기호로 $\overrightarrow{BA}$와 같이 나타내요.

③ 직선 AB 위의 두 점 A, B를 포함하여 점 A에서 점 B까지의
부분을 선분 AB라고 말하며, 기호로 $\overline{AB}$와 같이 나타내요. 두
점 A와 B를 잇는 선은 무수히 많지만 그중에서 길이가 가장 짧
은 것은 선분 AB뿐이에요.

선분 $\overline{AB}$

A      B      A      B

**약속**

① 선분 AB의 길이를 두 점 A, B 사이의 거리라고 한다.
  (∵ 길이가 가장 짧으므로)
② 선분 AB 위의 한 점 M에 대하여 $\overline{AM}=\overline{BM}$일 때, 점 M을 선분
  AB의 중점(中點)이라고 한다.
  그러므로 $\overline{AM}=\overline{BM}=\dfrac{1}{2}\overline{AB}$이다.

A      M      B

**개념다지기 문제** 다음 그림을 보고 물음에 답해 보세요.

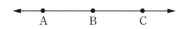

A      B      C

**풀이**

(1) 위 직선을 보고 가능한 한 다양하게 직선을 표시해 봐요.
  점 A를 중심으로 표시가 가능한 직선은 무엇일까요?

$\overrightarrow{AB}$, $\overrightarrow{AC}$예요. 또 점 B를 중심으로 가능한 것은 $\overrightarrow{BA}$, $\overrightarrow{BC}$ 그리고 점 C를 중심으로 가능한 것은 $\overrightarrow{CA}$, $\overrightarrow{CB}$예요. 이처럼 같은 직선이지만 여러 가지로 표시할 수 있어요.

(2) 점 B에서 시작하는 반직선을 나타내어 봐요.

기호로 나타내면 반직선은 $\overrightarrow{BA}$, $\overrightarrow{BC}$가 돼요.

(3) 위 직선에서 선분은 모두 몇 개인가요?

가능한 선분을 모두 생각하면 $\overline{AB}$, $\overline{BA}$, $\overline{BC}$, $\overline{CB}$, $\overline{AC}$, $\overline{CA}$ 이지만 $\overline{AB}=\overline{BA}$, $\overline{BC}=\overline{CB}$, $\overline{AC}=\overline{CA}$이므로 모두 3개예요.

## 4. 각의 성질

앞의 전통 부채를 다시 한 번 생각해 봐요. 아래 그림과 같이 펼쳐진 부채를 보고, 왼쪽 끝의 부채 살에서 오른쪽 끝의 부채 살까지 벌어진 정도를 표현할 수 있는 방법은 무엇일까요?

손잡이를 중심으로 두 개의 살이 이루는 부채꼴 도형처럼, 기하학에서는 두 개의 반직선이 벌어진 정도를 **각**이라고 해요.

수학적으로 한번 정리해 볼까요? 한 점 O에서 시작하는 두 반직선 OA, OB로 이루어진 도형을 각 AOB라 하고, 이것을 기호로 ∠AOB 또는 ∠BOA라 나타내요. 또 간단히 ∠O 또는 ∠$a$로 나타내기도 해요. ∠AOB의 두 변 $\overrightarrow{OA}$, $\overrightarrow{OB}$가 점 O를 중심으로 반대쪽에 있고 한 직선을 이룰 때, ∠AOB를 **평각**이라고 해요.

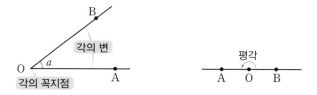

평각은 각도기로 재면 180도이며, 평각의 반인 90도는 **직각**이라고 불러요. 도형에서 90도를 기준으로 0도보다 크고 90도보다 작은 각을 **예각**이라고 부르며, 90도보다 크고 180도보다 작은 각을 **둔각**이라고 불러요. 직각보다 작으므로 예리하게(또는 날카롭게) 느껴져서 예각, 직각보다 크므로 넓적하고 둔하게 느껴져서 둔각이라고 기억하면 편리하죠.

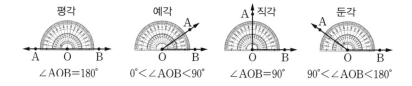

오른쪽 도형을 보고 물음에 답해 보세요.

풀이

(1) ∠$a$와 ∠$b$를 점 A, B, C, D, E를 사용하여 나타내어 봐요.

∠$a$는 도형에서 ∠B 또는 ∠ABC

로, ∠$b$는 ∠D 또는 ∠CDE,

∠CDA로 나타낼 수 있어요.

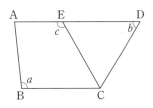

(2) ∠$a$, ∠$b$, ∠$c$를 예각과 둔각으로

구분해 봐요.

∠$a$와 ∠$c$는 직각보다 크므로 둔각, ∠$b$는 직각보다 작으므로

예각이에요.

서로 다른 두 직선이 한 점에서 만날 때 생기는 점을 교점이라

고 불렀어요. 이제는 두 직선이 한 점에서 만날 때 생기는 4개의

각을 생각해 봐요. 그림과 같이 두 직선이 이루는 각을 **교각**이라고 해요. 교각 중에서 ∠a와 ∠c, ∠b와 ∠d 같이 서로 마주보는 두 각을 **맞꼭지각**이라고 하죠.

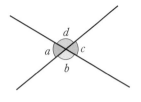

그림에서 ∠a+∠d=180°이고 ∠c+∠d=180°예요. 왜 그럴까요? ∠a와 ∠d가 한 직선 위에 있으므로 평각이 되기 때문이죠. 또 ∠c와 ∠d도 마찬가지로 평각을 이루므로 ∠a+∠d=∠c+∠d 이므로 ∠a=∠c에요.

∠b와 ∠d도 같은 방법으로 하면 ∠b=∠d가 되므로 맞꼭지각은 항상 같아요.

**약속**

맞꼭지각의 성질 : 맞꼭지각의 크기는 서로 같다.

기하학에서 점과 직선, 직선과 직선의 여러 상태를 어떻게 표현해야 할까요? 우리가 생활하면서 사용하는 보통 언어로는 불가능해요. 논리적으로 정확하게 표현하기 위해서는 반드시 수학적인 용어를 익혀 두어야 해요.

두 직선 AB와 CD의 교각이 직각일 때, 이 두 직선은 서로 직교한다고 하며, 이것을 기호로 $\overleftrightarrow{AB} \perp \overleftrightarrow{CD}$와 같이 나타내요. 이때 두 직선 AB와 CD는 **서로 수직**이라 하고, 한 직선을 다른 직선의 **수선**이라고 해요.

직선 *l* 위에 있지 않는 한 점 P에서 직선 *l*에 수선을 그었을 때, 즉 직각으로 내려 그었을 때, 교점 H를 점 P에서 직선 *l*에 내린 **수선의 발**이라고 해요. 그리고 선분 PH의 길이를 점 P와 직선 *l* 사이의 **거리**라고 한답니다.

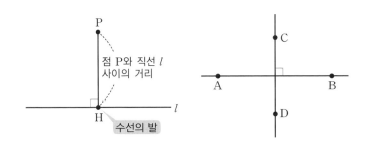

오른쪽 사다리꼴 ABCD에서 점 A와 $\overline{CD}$ 사이의 거리를 생각해 봐요.

선분 $\overline{CD}$와 선분 $\overline{AD}$는 직교하고 또 $\overline{CD}$와 $\overline{BC}$도 직교하므로, 점 A와 $\overline{CD}$ 사이의 거리는 4cm가 돼요.

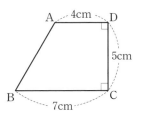

## 5 평행선의 성질

노란 종이 위에 파란 줄이 그어져 있는 리포트 용지가 있어요. 가로로 그어져 있는 파란 직선들은 전부 서로서로 교점이 없는 나란한 선들이에요. 이러한 직선들을 수학적으로 **평행선**이라고 말해요. 그런데 연필 한 자루가 아래 그림처럼 놓여 있다면 파란 선들과 연필의 관계를 도형 문제로 바꾸어서 생각해 볼 수 있어요. 어떻게 가능할까요?

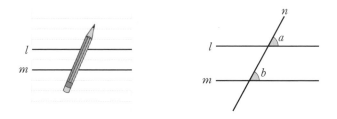

평행한 직선 $l$과 $m$을 기호로는 $l /\!/ m$으로 표시해요. 가로지르는 연필을 직선 $n$이라고 가정할 때 직선 $l$과 만나서 이루는 각인 교각을 공부해 볼 수 있어요. $l$과 $n$이 만드는 교각 $\angle a$와 $m$과 $n$이 만드는 교각 $\angle b$는 같은 위치에 있으므로 **동위각**이라고 말해요. 즉 같은 위치의 각이라는 뜻이에요. 이때 기억할 것은 $l /\!/ m$이므로 동위각의 크기가 같다는 사실이죠.

위 그림에서는 동위각을 오직 $\angle a$와 $\angle b$ 한 쌍만 언급했지만, 사실 동위각은 여러 쌍이 생겨요. 평면 위에서 두 직선 $l$, $m$이 다른 한 직선 $n$과 만나면 모두 8개의 각이 생겨요.

$\angle a$와 $\angle e$, $\angle c$와 $\angle g$, $\angle b$와 $\angle f$, $\angle d$와 $\angle h$처럼 같은 위치에 있는 두 각을 각각 서로 **동위각**이라고 해요. 또, $\angle b$와 $\angle h$, $\angle c$와 $\angle e$처럼 엇갈린 위치에 있는 두 각을 각각 서로 **엇각**이라고 해요.

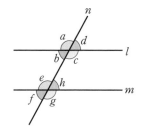

1. 한 평면 위에 있는 두 직선 $l$, $m$이 만나지 않을 때, 두 직선은 서로 평행한다고 말하며 기호로 $l /\!/ m$으로 나타낸다. 이때 평행한 두 직선을 평행선이라고 한다.
2. 평행선과 동위각 : 서로 다른 두 직선과 다른 한 직선이 만날 때,
   (1) 두 직선이 평행하면, 동위각의 크기는 같다.
   (2) 동위각의 크기가 같으면 두 직선은 평행이다.

탈레스Thales, B.C. 624~546는 증명을 생각한 최초의 수학자예요. 그는 맨 처음으로 다음 세 가지 정리를 증명했어요.

(1) 맞꼭지각의 크기는 같다.
(2) 이등변삼각형의 두 밑각은 같다.
(3) 두 삼각형에서, 두 변과 그 사이에 있는 각이 같으면 이들 삼각형은 합동이다.

탈레스의 증명 방법은 두 도형을 겹치는 것이었어요. 완전히 포개지는 것을 같다고 말하는 데는 아무도 반대할 수 없었죠.

또한 탈레스는 "모든 것은 물이다."라고 말했어요. 비가 오는 것을 여우가 장가가기 때문이라고 생각하던 시대에, 탈레스는 햇볕이 내리쬐면 물이 말라서 수증기가 발생하고 구름으로 한데 모여 다시 물이 되어 내린다고 생각하였어요. 나아가 자연 현상 모

두를 물로 설명했지요. 하지만 그 시대 사람들은 미신을 믿었어
요. 지진은 땅 밑에 있는 대지의 신이 노해서 일어난다고 생각했
던 시대에 탈레스는 바닷물이 크게 요동치므로 일어난다고 주장했
죠. 탈레스의 이러한 사고방식은 결국 과학을 발달시켰어요.


## 6. 점, 직선, 평면의 위치 관계

　피구나 배구 같은 운동 경기에서 약간의 차이로 공이 경계선 안
에 있거나 경계선 위, 또는 경계선 밖에 있을 때 이를 어떻게 판단
하는지에 따라 경기의 승자와 패자가 갈려요. 이런 경우를 수학적
인 도형으로 바꾸어 생각해 볼까요?

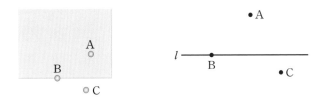

위의 보기에서는 공과 경계선을 3가지로 나누어서 생각했지만 점과 직선의 위치 관계는 사실 2가지 밖에 없어요. 즉 점 A와 C는 직선 $l$ 밖에 있는 점이고, 점 B는 직선 위에 있는 점이에요.

**약속**

점과 직선의 위치 관계

① 점이 직선 위에 있다.　　　② 점이 직선 위에 있지 않다.

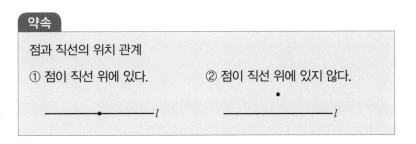

자, 이번에는 노트 위에 연필과 볼펜을 놓았을 때 연필과 볼펜의 위치 관계를 생각해 봐요.

연필 위에 볼펜이 교차하도록 놓여 있다.

연필과 볼펜이 나란히 놓여 있다.

연필과 볼펜이 겹쳐 있어서 연필이 보이지 않는다.

위의 보기를 수학적인 도형 문제로 바꾸어 생각해 봐요. 그러면 두 직선의 위치 관계가 3가지로 나타나요.

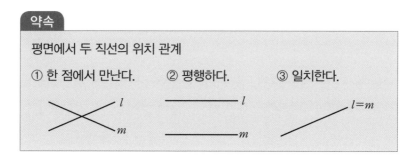

옆의 평행사변형 ABCD에서 두 직선의 위
치 관계를 함께 생각해 봐요.

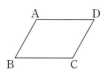

(1) 변 BC와 평행한 변은? 변 AD

(2) 변 AB와 만나는 변은? 변 AD와 변 BC

위의 보기에서는 연필과 볼펜이 노트 위에서 만나는 경우를 생각했어요. 이번에는 두 필기구가 모빌처럼 공간에 매달려 있다고 가정해 봐요. 물론 평면의 경우처럼 두 필기구가 만나는 경우와 평행하는 경우가 있어요. 여기에서 한 가지 주의할 점은 공중에서 두 필기구가 만나지 않으면서 또 평행하지도 않을 때가 있다는 거예요. 이 경우 두 직선은 **꼬인 위치**에 있다고 말해요.

1. 공간에서 두 직선이 만나지도 않고 평행하지도 않을 때, 두 직선은 꼬인 위치에 있다.

2. 공간에서 두 직선의 위치 관계

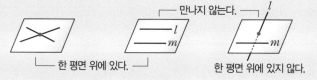

① 한 점에서 만난다.　② 평행하다.　③ 꼬인 위치에 있다.

3. 공간에서 직선과 평면의 위치 관계

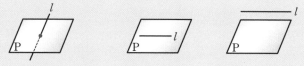

① 한 점에서 만난다.　② 포함된다.　③ 만나지 않는다.

4. 3의 ③처럼 직선이 평면과 만나지 않는 경우 직선 $l$과 평면 P가 서로 평행하다고 하며, 기호로 $l /\!/ \text{P}$와 같이 나타낸다.

직선 $l$과 평면 P가 한 점 H에서 만나고 직선 $l$이 점 H를 지나는 평면 P 위의 모든 직선과 수직으로 만날 때, 직선 $l$과 평면 P는 **수직**이라고 말하며, 이것

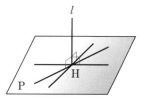

을 기호로 $l \perp \text{P}$와 같이 나타냅니다. 이때 직선 $l$은 평면 P의 **수선**이라고 말하지요.

## 7. 간단한 도형의 작도

기하학에서 도형을 작도한다는 것은 눈금 없는 자와 컴퍼스만을 사용하여 도형을 그리는 것을 의미해요. 옛날 그리스의 수학자들은 눈에 보이는 물체의 형태를 도형이라고 생각하지 않았어요. 눈에는 보이지 않지만 머리로 생각할 수 있는 추상적인 것을 수학의 도형으로 생각했죠. 그 이유는 그들의 독특한 철학적 사고방식에서 유래해요. 현재 기하학에서는 눈금 있는 자를 가지고 하는 것은 작도가 아닌 걸로 확실하게 약속했답니다.

---

**더 알아보기** **길이가 같은 선분의 작도**

① 눈금 없는 자를 사용하여 직선 $l$을 긋고, 직선 $l$ 위에 한 점 C를 잡아요.

② 컴퍼스로 선분 AB의 길이를 잽니다.

③ 점 C를 중심으로 선분 AB의 길이를 반지름으로 하는 원을 그려 직선 $l$과 만나는 점을 D라고 하세요. 그럼 선분 CD는 선분 AB와 길이가 같답니다.

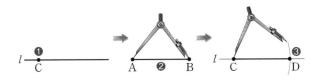

**개념다지기 문제 1** 다음 선분 **AB**를 **B**쪽으로 연장하여 그 길이가 선분 **AB**의 3배가 되는 선분 **AC**를 작도해 봐요.

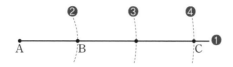

① 눈금 없는 자를 사용하여 선분 AB에서 B쪽으로 연장선을 그
  어요.

② 컴퍼스로 선분 AB의 길이만큼 재어요.

③ 점 B를 중심으로 선분 AB의 길이를 반지름으로 하는 원을 그
  려 직선과 만나는 점을 그려요.

④ 그 점을 중심으로 방법 ③을 한 번 더 반복하여 직선과 만나는
  점을 C라고 하면, 선분 AB의 3배가 되는 선분 AC가 됩니다.


  우리는 지금까지 어떤 선분이 주어졌을 때 똑같은 길이를 갖는
선분을 작도해 보았어요. 또 2배, 3배 길이를 갖는 선분도 작도할
수 있게 되었지요.

  이제는 어떤 각이 주어졌을 때 어떻게 똑같이 반으로 나눌 수
있을지를 고민해 봐요.

  옆의 그림에서 각이 이등분되면 이등
분선을 중심으로 접을 때 완전히 포개어
지므로 $\overline{OA}=\overline{OB}$, $\overline{PA}=\overline{PB}$예요.

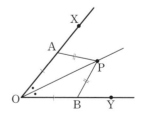

**각의 이등분선 작도**

두 개의 반직선으로 이루어진 ∠XOY가 있어요.

① 점 O를 중심으로 하는 적당한 원을 그려 반직선 OX, OY와 만
　 나는 점을 각각 A, B라고 해요.

② 점 A, B를 각각 중심으로 하고, 반지름의 길이가 같은 두 원을
　 만나도록 그린 다음 두 원이 만나는 점을 P라고 해요.

③ 점 O와 점 P를 이은 반직선 OP가 ∠XOY의 이등분선입니다.

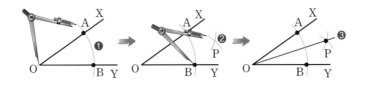

**다음과 같이 각이 주어졌어요. 이 각의 이등분선을 작도해**
**봐요.**

(1)

(2)

(1) 주어진 각은 180도인 평각이에요. 맨 먼
　 저 할 일은 컴퍼스의 길이를 임의로 잡고
　 ①과 같이 점 O를 중심으로 원을 그리는
　 거예요. 이때 원을 다 그릴 필요는 없어
　 요. 직선 AB와 만나는 교점이 생기면 멈추어요. 직선과 원의

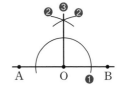

교점이 2개 생겼죠? 이 두점을 중심으로 컴퍼스의 길이를 그대로 놓고 ②와 같이 그리면 두 곡선의 교점이 또 생기죠. 이 교점과 O를 ③과 같이 이으면 이 직선이 곧 이등분선입니다. 우리가 구한 이등분선이 직선 AB를 수직으로 이등분했어요. 이러한 직선을 특별히 **수직이등분선**이라고 부른답니다.

(2) 주어진 각은 90도보다 크고, 180도보다 작은 둔각이에요. 앞의 문제와 마찬가지 방법으로 점 O를 중심으로 원을 그려요. ①처럼 2개의 교점이 생기면 각각의 교점에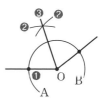

서 ②와 같이 그려요. 두 곡선의 교점이 또 생기면 이 교점과 점 O를 ③과 같이 이어요. 이렇게 둔각을 이등분하면 예각이 된다는 걸 꼭 기억하세요!

**약속**

직선 $l$이 선분 AB의 중점 P(가운뎃점)를 지나고, 선분 AB에 수직이면, $\overline{PA}=\overline{PB}$가 된다. 이때 직선 $l$을 선분 AB의 수직이등분선이라고 부른다.

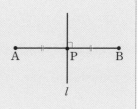

**더 알아보기** **선분의 수직이등분선 작도**

선분 AB의 수직이등분선을 그려 봐요.

① 점 A를 중심으로 원을 그려요. 이때 컴퍼스의 길이는 선분 AB

의 길이의 반보다는 커야 해요. 선분 AB보다 작으면 원을 두 번 그렸을 때 교점이 생기지 않기 때문이죠.

② 같은 길이의 컴퍼스로 점 B를 중심으로 원을 그리면 두 원의 교점 C와 D가 생겨요.

③ 점 C와 D를 이은 직선 CD가 선분 AB의 수직이등분선입니다.

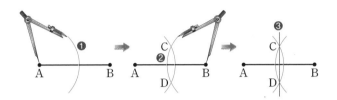

앞의 개념다지기 문제에서는 각의 이등분선을 작도했고 방금 전에는 선분의 수직이등분선을 작도했어요. 두 작도의 차이점은 무엇일까요?

앞의 문제 (1)에서는 평각으로 주어졌기 때문에 직선 AB의 중점 O를 중심으로 원을 그려 나갔고, 선분의 수직이등분선 작도에서는 선분만 주어졌으므로 점 A와 점 B를 중심으로 원을 그린 것이 차이점이랍니다.

---

더 알아보기 **크기가 같은 각의 작도**

∠XOY와 똑같은 크기의 각을 반직선 PQ 위에 작도해 봐요.

① 점 O를 중심으로 원을 그려 반직선 OX, OY와 만나는 점을 각각 A, B라고 해요.

② 반직선 PQ의 점 P를 중심으로 ①과 같은 길이로 원을 그려 교점을 D라고해요.

③ ①의 선분 AB의 길이와 같도록 컴퍼스를 조정합니다.

④ 점 D를 중심으로 선분 AB의 길이를 반지름으로 하는 원을 그려 ②에서 그린 원과 만나는 점을 C라고 해요.

⑤ 점 P에서 점 C를 지나는 반직선 PR를 그으면 ∠RPQ는 ∠XOY와 크기가 같은 각이 됩니다.

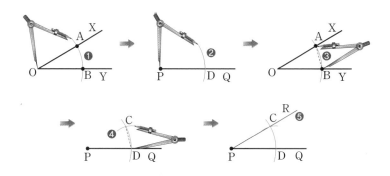

세 꼭짓점이 A, B, C인 삼각형 ABC를 기호로 △ABC라고 나타냅니다. ∠A와 마주보는 변 BC를 ∠A의 **대변**이라 하고, ∠A를 변 BC의 **대각**이라고 합니다.

오른쪽 삼각형을 보고 대변과 대각을 찾아볼까요?

(1) ∠B의 대변은? 변 AC

(2) 변 CA의 대각은? ∠B

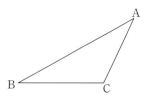

이제부터는 삼각형을 작도해 봐요. 여기까지 마구 달려왔으니

까 다음 내용도 이해할 수 있는 능력이 생겼을 거예요. 우리 한번
해 보자고요!

**작도 미션(1) : 세 변의 길이가 주어진 경우**

선분 $a$, $b$, $c$를 삼각형의 세 변의 길이라고 할 때

① 한 직선을 긋고, 그 위에 선분 $a$와 길이가 같은 선분 BC를
잡아요.

② 점 B와 C를 중심으로, 길이 $c$와 $b$를 반지름으로 하는 원을
각각 그려서 두 원이 만나는 점을 A라고 합니다.

③ 점 A와 점 B를 이은 선분 AB의 길이는 $c$가 되고, 점 A와
점 C를 이은 선분 AC의 길이는 $b$입니다. 즉 선분 $a$, $b$, $c$를
세 변으로 하는 △ABC가 그려졌습니다.

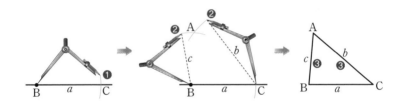

**작도 미션(2) : 두 변과 그 끼인 각이 주어진 경우**

두 변의 길이 $b$, $c$와 두 변의 끼인 각이 ∠A일 때

① 크기가 같은 각의 작도법을 활용하여 ∠A와 크기가 같은
∠PAQ를 작도해요.

② 점 A를 중심으로 하고, 선분 $c$의 길이를 반지름으로 하는 원

을 그려 반직선 AQ와 만나는 점을 B라고 합니다.

③ 점 A를 중심으로 하고, 선분 $b$의 길이를 반지름으로 하는 원을 그려 반직선 AP와 만나는 점을 C라고 해요.

④ 점 B와 점 C를 이으면 원하는 △ABC가 생깁니다.

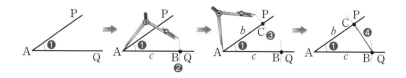

### 작도 미션(3) : 한 변의 길이와 그 양끝 각의 크기가 주어진 경우

한 변의 길이가 $a$이고, 양끝 각이 ∠B와 ∠C일 때

① 한 직선을 긋고, 그 위에 선분 $a$와 길이가 같은 선분 BC를 잡아요.

② 앞에서 크기가 같은 각의 작도법을 활용하여 ∠B와 크기가 같은 ∠PBC를 작도합니다.

③ 마찬가지로 ∠C와 크기가 같은 ∠QCB를 작도해요.

④ 반직선 BP와 반직선 CQ의 교점을 점 A라고 하면 △ABC가 구하는 삼각형입니다.

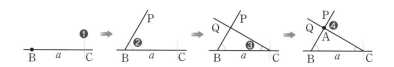

지금까지 삼각형을 세 가지 경우로 나누어서 작도 미션을 수행

해 보았어요. 이제 삼각형을 결정하는 조건을 몇 가지로 정리할
수 있답니다.

**삼각형의 결정 조건**

다음 세 가지 중 하나만 만족하면 삼각형이 결정된다.

① 세 변의 길이가 주어질 때

② 두 변의 길이와 그 끼인 각의 크기가 주어질 때

③ 한 변의 길이와 그 양끝 각의 크기가 주어질 때

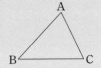

**더 알아보기** **네발자전거보다 세발자전거가 안전한 이유?**

유아들이 타는 자전거는 왜 네발자전거가 아니라 세발자전거일까
요? 또 사진기를 고정시켜 주는 삼발이는 왜 사발이가 아닐까요?
그 이유는 '한 직선 상에 없는 세 점은 한 평면을 결정'하므로 네발
자전거보다는 세발자전거가, 사발이보다는 삼발이가 안정감이 있
어서 잘 넘어지지 않기 때문이랍니다. 악기를 연습할 때 사용하는
악보대, 마이크를 세워놓는 마이크 스탠드 역시 모두 삼발이의 원
리이지요. 무심코 지나치는 생활 속에 이처럼 기하학의 원리가 활
용된다는 사실을 잊지 마세요!

이번에는 지도를 삼각형과 연관시켜 봐요.

"모든 다각형은 삼각형으로 나눌 수가 있다."라는 말이 있어요.

예를 들면, 사각형은 2개의 삼각형으로 나누어지고, 오각형은 3개의 삼각형으로 나누어지죠. 그러므로 $n$각형이면 $(n-2)$개의 삼각형으로 분할된다는 규칙이 성립합니다. 이 원리를 어떻게 지도에 적용할 수 있을까요?

보통 땅의 모양은 평평하지 않고 올라가고 내려오는 요철이 심한 울퉁불퉁한 모양이에요. 우리는 이 불규칙적인 모양을 작은 삼각형이 아주 많이 모인 모임이라고 생각할 수 있어요. 그래서 "삼각형만 알면 도형이 보인다."라고 말할 수가 있는 것이지요.

## 8. 삼각형의 합동조건

빨간색과 파란색 삼각형이 다음과 같이 똑같은 모습을 하고 있어요. 색상은 다르지만 크기와 모양이 똑같다는 것을 어떻게 입증할 수 있을까요?

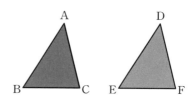

빨간색 삼각형을 손으로 집어서 파란색 삼각형 위에 올려놓을 때 완전히 포개어지면 우리는 두 삼각형이 같다고 말할 수 있어요. 물론 종이 위에 있는 도형이므로 손으로 그냥 집을 수는 없어요. 가위로 하나를 잘라서 다른 것 위에 올려놓으면 확인이 가능하겠지요.

이처럼 모양과 크기가 똑같아서 완전히 포개어지는 두 도형을

서로 **합동**이라고 말합니다. 이때 서로 합동인 두 도형에서 포개어
지는 꼭짓점과 꼭짓점, 변과 변, 각과 각은 서로 **대응한**다고 해요.

△ABC와 △DEF가 서로 포개어질 때, 즉 △ABC와 △DEF
가 서로 합동일 때, 이것을 기호로 △ABC≡△DEF와 같이 나타
냅니다.

## 9. 역사적 배경: 피타고라스 (기원전 580~500년)

피타고라스는 스승 탈레스의 가르침인 "우물 안 개구리가 되지 말라."는 말에 따라 이집트로 유학을 갔어요. 당시 그리스는 이집트에 비해 학문이 뒤떨어진 나라였거든요. 다만 이집트는 스핑크스나 피라미드와 같은 거대한 건축물을 지을 만큼 학문과 지식은 훌륭했지만 아직 '증명'의 중요성은 알지 못했어요.

피타고라스는 스승 탈레스가 선언한 '모든 것은 물'이라는 주장을 '모든 것은 수數'라고 바꾸었어요. 수만으로 이 세상의 모든 일을 설명하려고 시도한 것이었지요. 그는 수학적으로 음악 이론을

모든 것은 수(數)

허허, 기특한 녀석.
역시 스승을 잘 만나야…….
하하하!

세우고 수에 관한 비례 이론으로 음계의 구조를 설명했어요. 또 수의 이론을 발전시키고 천체의 움직임을 수로 설명하기도 했지요. 더 나아가 평면도형과 입체도형까지 수와 결부시킨 결과, 신을 위대한 수학자로 여기며 신이 이 세상의 모든 것을 수학적으로 창조했다고 믿었답니다.

탈레스와 피타고라스는 선생과 제자의 관계이지만 이 두 사람을 모두 수학의 아버지라고 일컬어요. 그 이유는 하나의 원리에서 출발하여 모든 것을 설명하려는 학문의 태도와 모든 것은 증명을 통해서만 정리될 수 있다는 같은 주장을 펼쳤기 때문이에요.

피타고라스는 도형에 관한 중요한 정리를 증명했는데, 사실 그가 증명하기 전에 이미 많은 사람들이 그 내용을 알고 있었어요. 하지만 증명이 없는 정리는 모든 사람을 납득시킬 수 없었지요. 피타고라스는 처음으로 수학의 내용을 증명함으로써 수학 논증을 발전시킨 역사적인 인물이 되었답니다.

개념다지기 문제 1 요즘 우리나라는 주말 캠핑 인구가 증가하여 야외용 텐트, 아웃도어 의류 등 캠핑 도구가 많이 팔린다고 합니다. 캠핑은 어린이들의 아토피 피부병이나, 주의력결핍과잉행동장애(ADHD) 치료에 효과적이어서 아이들의 인성 교육과 창의성 교육을 위해 권장된답니다.
우리도 캠핑 준비를 해 보고 더 나아가 야외용 텐트를 도형적인 시각으로 탐구해 볼까요?

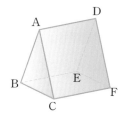

그림처럼 예쁜 삼각형 모양 텐트를 기하학적인 도형으로 바꾸면 야외용 텐트 그림이 되어요. 다음의 질문에 답해 봅시다.

(1) 모서리 AD와 만나는 모서리는?

(2) 모서리 AD와 평행한 모서리는?

(3) 모서리 AD와 꼬인 위치의 모서리는?

(4) 면 DEF와 한 점에서 만나는 모서리는?

풀이

(1) 꼭짓점 A를 중심으로 생각하면 모서리 AB와 AC가 있고, 꼭짓점 D를 중심으로 생각하면 모서리 DE와 DF가 있어요.

(2) 모서리 AD를 포함하는 두 면에서 각각 평행한 모서리를 찾으면 모서리 BE와 CF가 평행이 되죠.

(3) 모서리 AD와 평행도 아니고, 만나지도 않는 모서리는 BC, EF입니다.

(4) 면 DEF의 각 꼭짓점인 D, E, F와 만나는 모서리를 찾으면 모서리 AD, BE, CF가 있어요.

아래 그림과 같이 ○○○대학교와 △△종합병원이 있는 동네가 있습니다. 학교와 병원으로부터 같은 거리에 있는 도로변에 버스정류장을 새로 만들려고 해요. 버스정류장의 위치를 작도하는 과정을 설명하여 볼까요?

풀이

버스정류장을 세우는 데도 기하학의 원리가 활용돼요. 종합병원의 위치를 점 A, 대학교의 위치를 점 B라고 가정해요. 두 점 A와 B를 원의 중심으로 하고, 반지름의 길이가 임의로 $r$인 두 원을 각각 그립니다. 그럼 두 원이 만나는 교점이 2개 생겨요. 그중에 도로변에 있는 점 P에 버스정류장을 만들면 학교와 병원으로부터 모두 같은 거리가 된답니다.

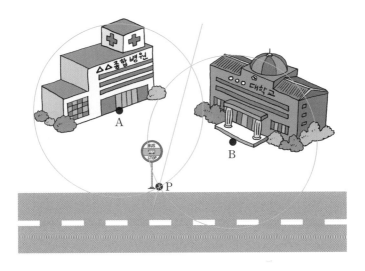

개념다지기 문제 3 다음 삼각형 중에서 서로 합동인 것을 찾아 기호로 나타내

고, 합동 조건을 말해 봅시다.

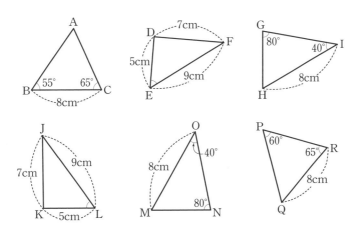

풀이 △ABC≡△PQR(ASA합동), △DEF≡△KLJ(SSS합동),

△GHI≡△NMO(ASA합동)

# 제7장

# 평면도형

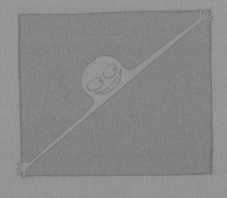

## 1. 평면도형의 내용

우리 주변에는 도형이 매우 많아요.

"어떻게 그 많은 도형을 다 배워요? 우리는 머리가 터질 것만 같아요!"라고 걱정하는 친구들이 있겠지요. 그러나 걱정을 내려놓으세요. 중요한 몇 가지만 알면 문제없답니다.

원은 중심에서 둘레까지의 길이가 일정한 점들의 모임이며, 원주율은 3.14로 한 가지 종류밖에 없어요. 원은 곡선이고 삼각형은 직선으로 된 모난 도형이지만 사실 이들은 매우 가까운 사이랍니다. 두 도형 사이의 관계를 살짝 들여다볼까요?

첫째, 원의 중심각은 360도이고 삼각형의 내각의 합은 그 반인 180도예요.

둘째, 삼각형에 내접하는 원의 중심은 삼각형의 내심이에요. 내심은 삼각형에서 세 내각의 이등분선의 교점을 말해요.

셋째, 삼각형에 외접하는 원의 중심은 삼각형의 외심이에요. 외심은 삼각형의 각 변을 똑같이 나누는 수직이등분선의 교점이에요.

어때요? 신기하죠? 우리가 공부하는 도형이란 바로 삼각형, 원 그리고 이들 사이의 관계를 알아보는 것이랍니다.

## 2. 도형 공부는 삼각형부터

삼각형 공부의 기본은 두 삼각형을 놓고 둘이 같은지 아닌지 구별하는 거예요. 간단히 말하면 합동이 되는 조건을 알아차리는 일이랍니다.

합동 기호는 나란하고 길이가 같다는 뜻인 등호(=)보다 한 줄이 더 많아요. 합동 기호는 ≡인데 =보다 한 번 더 포개진다는 것으로 완벽하게 같음을 뜻하지요.

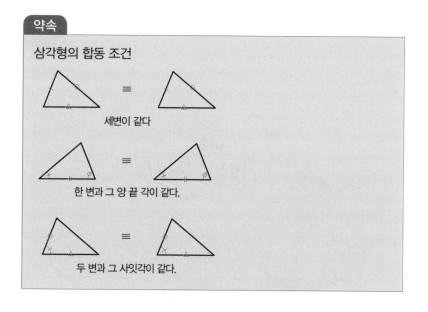

**약속**

**삼각형의 합동 조건**

세 변이 같다

한 변과 그 양 끝 각이 같다.

두 변과 그 사잇각이 같다.

## 3. 다각형의 내각과 외각

우리 주변을 색에 집중하지 않고 도형의 눈으로만 한번 바라보세요. 그러면 다양한 형태의 기하학적인 모양을 발견할 수 있답니다. 여러 개의 마름모 모양으로 된 바구니, 흑백의 정사각형으로 이루어진 가방, 직사각형이 연결된 보도블럭, 정육각형 모양인 벌집 등을 찾을 수 있어요.

이 장에서는 생활 속에서 다양하게 활용되는 평면도형의 성질에 대해 알아볼 거예요.

3개의 선분으로 이루어진 삼각형, 4개의 선분으로 이루어진 사각형 등을 모두 통틀어서 **다각형**多角形이라고 부릅니다. 다각형에서는 각 선분을 **변**이라고 부르며, 변과 변이 만나는 점을 **꼭짓점**, 두 개의 이웃하는 변으로 이루어진 각을 **내각**內角이라고 해요. 내각이란 '안의 각'이란 뜻이죠.

그렇다면 안과 반대의 뜻을 가진 각도 있을까요? 물론입니다. '바깥의 각'이란 뜻의 각이 바로 **외각**外角이에요. 즉 꼭짓점에서 한 변과 다른 한 변의 연장선이 이루는 각을 그 내각에 대한 외각이라고 합니다.

## 4. 다각형의 대각선을 그어 보자

오각형의 한 꼭짓점에서 대각선을 그어 볼까요? 그림처럼 꼭짓점 A에서는 점 C와 D로 대각선을 2개 그을 수 있어요. 그렇다면 꼭짓점 B에서는 몇 개나 그을 수 있을까

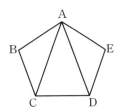

요? 역시 점 D와 E로 2개를 그을 수 있답니다.

여기에서 우리는 중요한 규칙을 찾아낼 수 있어요!

오각형일 경우 한 꼭짓점에서 그을 수 있는 대각선의 개수는 (5−3)개인 거죠. 그럼, 육각형의 한 꼭짓점에서 그을 수 있는 대각선의 개수는? 아마 그림을 그려서 해 볼 필요도 없이 여러분은 (6−3)개라고 알아차렸을 거예요.

그러므로 $n$각형의 한 꼭짓점에서 그을 수 있는 대각선은 $(n-3)$개라는 멋진 결론을 얻어낼 수 있어요. 그런데 꼭짓점 A에서 C로 그은 대각선 AC와 꼭짓점 C에서 A로 그은 대각선 CA는 같은 것이므로 같은 대각선을 2번 계산한 셈이지요. 따라서 오각형의 대각선은 모두 $\dfrac{5 \times (5-3)}{2} = 5$(개)가 됩니다.

① $n$각형의 한 꼭짓점에서 그을 수 있는 대각선의 수 : $(n-3)$

② $n$개의 꼭짓점에서 그을 수 있는 대각선의 총 수 : $n(n-3)$

③ $n$각형의 대각선의 총 수 : $\dfrac{n(n-3)}{2}$

   (2로 나눈 이유는 같은 대각선이 2개씩 있기 때문이에요.)

오른쪽에 삼각형 ABC가 있어요. 밑변 BC를 오른쪽으로 연상한 선 위에 한 점 D를 잡아요. 그 다음에 점 C에서 변 BA에 평행한 반직선 CE를 그어요.

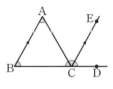

앞장에서 우리는 평각이 180°라는 사실과 동위각과 엇각의 크기가 같음을 배웠어요. 이 성질을 이용하면

   ∠A＝∠ACE (∵ 엇각이므로)

   ∠B＝∠ECD (∵ 동위각이므로)

   따라서 ∠A＋∠B＋∠C＝∠ACE＋∠ECD＋∠C＝180° (∵ 평각이므로)

   이때 삼각형 ABC에서 ∠C의 외각은 ∠ACD이고,

   ∠ACD＝∠ACE＋∠ECD＝∠A＋∠B입니다.

   따라서 ∠C의 외각의 크기는 그와 이웃하지 않는 두 내각의 크기의 합인 ∠A＋∠B와 같아요.

**삼각형의 내각과 외각의 성질**

① 삼각형의 세 내각의 크기의 합은 180°이다.

② 삼각형의 한 외각의 크기는 그와 이웃하지 않는 두 내각의 크기의
   합과 같다.

앞에서 삼각형의 내각의 합이 180°임을 어떻게 알았지요? 바로 동위각과 엇각의 성질을 이용해서 구했어요. 이번에는 다각형의 내각의 합을 구하기 위해 대각선을 그어 여러 개의 작은 삼각형으로 나눈 다음 생각해 봐요.

아래 그림처럼 사각형의 한 꼭짓점에서 대각선을 그으면 2개의 삼각형으로 나누어지므로 사각형의 내각의 합은 $180° \times 2 = 360°$가 되죠.

$180° \times (4-2)$

$180° \times (5-2)$

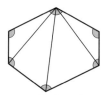
$180° \times (6-2)$

오각형의 한 꼭짓점에서 대각선을 그으면 3개의 삼각형으로 나누어지므로, 내각의 합은 $180° \times 3 = 540°$가 되고요. 그러므로 $n$각형의 내각의 합은 $180° \times (n-2)$임을 알 수 있어요.

특히 변의 길이가 모두 똑같은 정다각형일 때는 그 내각의 크기가 모두 같아요. 그러므로 정다각형의 한 내각의 크기는 내각의 합을 꼭짓점의 개수로 나눈 $\dfrac{180° \times (n-2)}{n}$가 됩니다.

**약속**

① 다각형에서 꼭짓점의 개수와 변의 개수는 같다.

② $n$각형의 한 꼭짓점에서 대각선을 그으면 $(n-2)$개의 삼각형으로 분할된다.

③ $n$각형의 내각의 합은 $180° \times (n-2)$이다.

다각형에서 내각의 합은 삼각형은 $180°$, 사각형은 $360°$, 오각형은 $540°$로 변의 개수가 많아질수록 커졌어요. 그러면 외각의 크기는 어떻게 변할까요?

오각형을 예로 들어봐요. 오각형일 때, 한 내각과 그의 외각을 합하면 평각이 $180°$예요. 그런데 모두 5쌍이 있으므로 외각과 내각을 모두 합하면 $180° \times 5 = 900°$예요. 오각형의 내각의 합이 $540°$ ($\because 180° \times (5-2) = 540°$) 이므로 $900° - 540° = 360°$가 됩니다. 즉, 오각형에서 '외각의 크기의 합 $= 180° \times 5 -$ 내각의 크기의 합'이에요.

그런데 여기서 한 가지 재미난 사실! 모든 다각형의 외각의 합은 항상 $360°$가 된답니다!

$n$각형의 외각의 합$=180°×n-($내각의 합$)$

$=180°×n-[180°×(n-2)]$

$=(180°×n)-(180°×n)+(180°×2)$

$=360°$

조금 복잡하다고 생각되겠지만, 다각형 외각의 크기의 합은 항상 360°인 것만 기억해 두세요!

정다각형은 변의 길이가 모두 똑같으며, 내각의 크기도 모두 똑같아요. 그러면 정다각형의 외각의 크기는? 역시 내각의 크기가 모두 같고, 외각의 크기도 모두 같으므로 정$n$각형에서 한 외각의 크기는 외각의 합을 $n$으로 나눈 것과 같아요.

즉, 정$n$각형의 한 외각의 크기는 $\dfrac{360°}{n}$예요.

정$n$각형에서 외각의 크기의 합 : $360°$

정$n$각형에서 한 외각의 크기 : $\dfrac{360°}{n}$

욕실이나 주방의 타일은 다양한 모양과 색이 아름답게 어우러져 있어요. 이를 도형의 눈으로 한번 바라볼까요? 다각형의 타일을 평면에 붙일 때 주의할 점은 약간의 빈틈도 없이, 또 포개어지는 부분도 없이 이어 붙여야 한다는 거예요. 이러한 작업을 수학

에서는 **타일 붙이기** 또는 **테셀레이션**이라고 말해요. 타일 붙이기에
서는 다각형의 성질이 아주 중요하게 활용되지요.

  평면을 빈틈없이 채우려면 각각의 꼭짓점이 정$n$각형, $x$개로 둘
러싸여야 해요. 그리고 $n$개가 모인 각의 합이 360°가 되어야 하는
데, $n$각형의 한 내각의 크기가 $\dfrac{180° \times (n-2)}{n}$이므로 $x$개를 곱한
합과 같아야 하죠.

  즉, $\left(\dfrac{180° \times (n-2)}{n}\right) \times x = 360°$이고, 이 식은 다시

$\dfrac{(180° \times n - 180° \times 2) \times x}{n} = 360°$이므로 식을 정리하면

$x = \dfrac{2n}{n-2}$ 을 얻어요. 이때 $x$는 3과 같거나 커야 해요. (왜냐하면
다각형에서 가장 작은 도형이 삼각형이기 때문이에요.)

  따라서 $\dfrac{2n}{n-2} \geq 3$이고 $2n \geq 3(n-2)$랍니다. 왜냐하면 분모가

흠, 이제는 욕실을
꾸밀 수 있겠군!

$n-2>0$이므로 부등식을 나누어도 부등 관계는 그대로 유지되기 때문이지요.

부등식을 만족하는 $n$을 찾으면 $n=3$, 4, 6 뿐입니다. 따라서 정삼각형, 정사각형, 정육각형의 도형만이 평면을 빈틈없이 채우는 타일 붙이기가 가능해요. 그리고 정오각형, 정칠각형, … 의 타일이 없는 이유도 수학적으로 증명되겠지요?

### 5. 원과 부채꼴

"요리는 과학이다."라는 말이 있어요. 식재료의 준비와 조리 과정이 모두 과학적이기 때문이지요. 아래 그림은 애호박을 적당한 크기로 자른 모양이에요. 호박전과 호박나물, 된장찌개용 호박을 똑같은 크기로 썰 수는 없어요. 호박전을 할 때는 동글게 썬 〈호박 ①〉이 좋고, 호박나물은 〈호박②〉, 된장찌개용은 〈호박③〉이 적당하답니다. 물론 개인 취향에 따라 다르기도 하지만요.

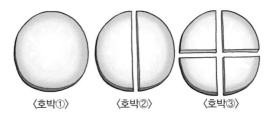

〈호박①〉    〈호박②〉    〈호박③〉

아래 그림처럼 원 O 위에 두 점 A, C를 잡고 두 점을 선분으로 이으면 원의 중심을 지나면서 반원 두 개로 나누어집니다. 호박은 칼로 잘랐지만 도형에서는 선분을 이으면 잘라져요.

또 그림처럼 두 점 A, B를 잡고 선분으로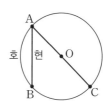
이으면 원이 작은 부분과 큰 부분으로 나누어
져요. 이처럼 절개된 원의 부분을 호라고 불
러요. 여기에서는 선분 AB로 나누어져서 호
AB라고 말하며, 기호로 $\overparen{AB}$와 같이 나타냅니다.

원 위의 두 점을 이은 선분은 **현**이라 부르고, 양끝 점이 A, B인
현을 현 AB라고 하며, 이것을 기호로 $\overline{AB}$와 같이 나타내요. 특
히, 원의 중심을 지나는 현 AC는 그 원의 **지름**이라고 해요.

오른쪽 그림과 같이 원 O의 두 반지름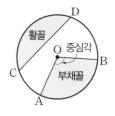
OA, OB와 호 AB로 이루어진 도형을 **부채꼴**
이라 하고, 부채꼴 AOB의 두 반지름 OA,
OB로 이루어지는 ∠AOB를 호 AB에 대한
**중심각**이라고 합니다. 원 O의 현 CD와 호
CD로 이루어진 도형은 **활꼴**이라고 부르지요. 부채꼴은 말 그대로
부채 모양, 활꼴은 활 모양이기 때문에 붙여진 이름이에요.

오른쪽 그림은 똑같은 크기로 8등분한 피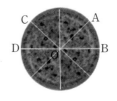
자예요. 피자를 똑같이 나누었으므로 부채꼴
AOB와 COD의 중심각의 크기는 45°예요.
(360°를 8로 나누었으므로)

이때 부채꼴 AOB를 손으로 집어서 부채꼴 COD에 올려놓으면
완전히 포개어져요. 부채꼴의 중심각이 같으므로 호의 길이도 같

고, 넓이도 같아졌기 때문이죠.

이번에는 피자를 4등분 한다고 가정해 봐요. 부채꼴 하나의 중심각은 360°를 4로 나누므로 90°가 되며, 면적은 부채꼴 AOB의 2배가 돼요. 즉, 한 원에서 부채꼴의 중심각 크기가 2배가 되면 호의 길이와 넓이도 2배가 돼요. 이와 같이 중심각의 크기가 2배, 3배, 4배, …가 되면 호의 길이와 넓이도 각각 2배, 3배, 4배, …가 된답니다.

원주율이란 지름을 이용하여 원의 둘레를 표시하는 비율의 개념으로 보통 3.14라고 말해요. 즉 모든 원의 둘레는 그 원의 지름의 약 3.14배라는 뜻이지요.

원주율의 실제 값은 3.141592653589793…과 같이 한없이 계속되는 소수이므로 간단하게 근삿값을 사용한답니다. 기호로는 $\pi$로 나타내며, '파이'라고 읽어요. 우리는 지름의 길이만 주어지면 원주율을 사용하여 원둘레의 길이와 원의 넓이를 구할 수 있어요. 반지름은 지름의 절반으로 지름을 2로 나눈 값이지요.

**지름과 원의 관계**

원둘레＝지름의 길이×원주율

원의 넓이＝반지름의 길이×반지름의 길이×원주율

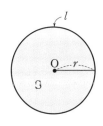

반지름이 $r$인 원의 둘레를 $l$, 원의 넓이를 S 라 할 때 원주율 $\pi$를 써서 간단히 나타내면 원 둘레＝지름×원주율＝$2r×\pi=2\pi r$이에요. 간 단하게 원둘레의 공식을 $l=2\pi r$로 기억하면 돼요. (그런데 왜 $2r\pi$로 하면 안 될까요? 그건 문제가 주어질 때 마다 $\pi$는 언제나 3.14로 변하지 않는 상수이지만 $r$은 변하는 수, 즉 변수이므로 수학에서는 보통 상수를 변수 앞에 써요.)

원의 넓이＝반지름×반지름×원주율＝$r×r×\pi=\pi r^2$이므로 다음 과 같이 문자를 사용하여 간단한 공식을 얻을 수 있어요.

반지름 : $r$, 원둘레 : $l$, 원의 넓이 : $S$ 일 때

$l=2\pi r$, $S=\pi r^2$

지금까지 반지름으로 원둘레와 원의 넓이를 구하였듯이, 부채 꼴의 호의 길이와 넓이도 구할 수 있어요.

반지름의 길이가 $r$인 원 O에서 중심각의 크기가 $x°$인 부채꼴의

호의 길이를 $l$, 넓이를 S라고 해요.

한 원에서 부채꼴의 호의 길이는 중심각의 크기에 정비례하므로 다음의 비례식을 얻을 수 있어요.

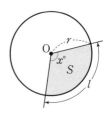

$$360° : x° = 2\pi r : l$$

비례식에서 '내항×내항＝외항×외항'이므로

$$x° \times 2\pi r = 360° \times l$$

$$\therefore\ l = 2\pi r \times \frac{x°}{360°}$$

또한 부채꼴의 넓이 역시 중심각의 크기에 정비례해요.

$$360° : x° = \pi r^2 : S\ 이므로(S는\ 부채꼴의\ 넓이)$$

$$x° \times \pi r^2 = 360° \times S$$

$$\therefore\ S = \pi r^2 \times \frac{x}{360} = \frac{1}{2}rl\,(\because 위의\ 공식을\ 대입하면)$$

---

**약속**

반지름 : $r$, 부채꼴의 호의 길이 : $l$ 일 때

부채꼴의 넓이 $S = \dfrac{1}{2}rl$

---

## 6. 원의 위치 관계

옛날 고대인들은 새벽녘에 멀리 떨어진 지평선을 보면서 태양이 떠오르기 시작할 때의 모습, 땅 위로 방금 막 올라왔을 때의 모

습, 지평선 위로 둥실 떠올랐을 때의 모습 등을 확인할 수 있었어요. 그 상황을 상상하면서 원과 직선과의 관계를 유추해 볼까요?

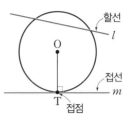

1. 원 O와 직선 $l$이 두 점에서 만날 때, 직선 $l$을 원 O의 **할선**이라고 부릅니다.

2. 원 O와 직선 $m$이 한 점에서 만날 때, 직선 $m$은 원 O에 **접한다**고 말해요. 이때 직선 $m$을 원 O의 **접선**이라 하고, 원 O와 접선 $m$이 만나는 점 T를 **접점**이라고 합니다. 접선 $m$은 접점을 지나는 반지름 OT와 서로 수직이지요.

**약속**

1. 원과 직선의 위치 관계

   원 O의 반지름의 길이를 $r$이라 하고, 원의 중심 O에서 직선 $l$까지의 거리를 $d$라고 하면

   $d<r$
   두 점에서 만난다.

   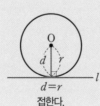
   $d=r$
   접한다.

   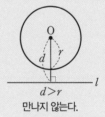
   $d>r$
   만나지 않는다.

2. 두 원의 중심 O, O′을 지나는 직선을 두 원의 중심선이라 하고, 선분 OO′의 길이를 두 원의 중심거리라고 한다.

   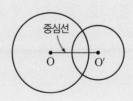

오른쪽 그림에서 두 원 O, O′가 두 점 A, B에서 만날 때, 선분 AB를 두 원의 **공통현**이라고 불러요.

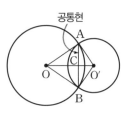

$\triangle OAO' \equiv \triangle OBO'$

(∵ 두 삼각형의 세 변의 길이가 같으므로)

즉 $\angle AOO' = \angle BOO'$와 같아요.

또 선분 AB와 선분 OO′의 교점을 C라고 하면 $\triangle AOC \equiv \triangle BOC$이므로 $\angle ACO = \angle BCO = 90°$이고, $AC = BC$예요.

따라서 두 원의 중심 O, O′을 지나는 두 원의 중심선은 공통현 AB를 수직이등분해요.

**약속**

1. 두 원의 위치 관계

두 원 O, O′의 반지름의 길이를 $r$, $r'(r > r')$, 두 원의 중심거리를 $d$라고 하면

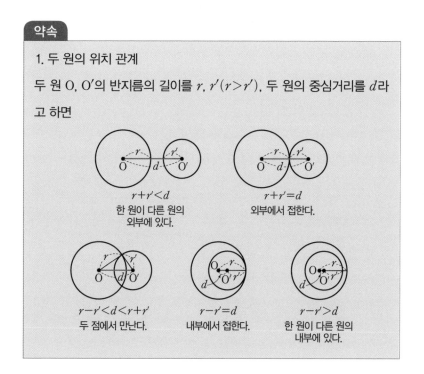

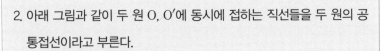

2. 아래 그림과 같이 두 원 O, O′에 동시에 접하는 직선들을 두 원의 공 통접선이라고 부른다.

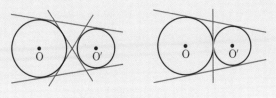

## 7. 역사적 배경 : 아르키메데스 (기원전 287~212년)

아르키메데스가 태어난 시기는 우리나라에서 겨우 지석묘고인돌 정도를 만들고 있을 때였어요. 같은 그리스 출신이지만 탈레스나 피타고라스는 주로 머리로만 생각하는 철학적인 수학 문제에 힘 썼어요. 하지만 아르키메데스는 기계를 만들거나 물리학을 수학

에 이용하는 일을 즐겼어요. 그 결과 원의 원주율을 구하고, 원둘레의 길이를 비롯하여 여러 입체의 표면적과 부피를 계산하는 공식을 발견했지요.

아르키메데스가 발견한 '부력의 원리'에 관해서는 유명한 일화가 있어요.

시라쿠사의 임금이 최고의 장인에게 순금을 주고 왕관을 만들게 했어요. 그런데 그 장인이 금에다 불순물을 섞어서 왕관을 만들었다는 소문이 퍼졌어요. 임금은 자기 왕관이 순금이 아니라는 소문에 아르키메데스를 불러 명했어요. 왕관에 금이 아닌 다른 물질이 들어 있는지 조사하게 한 거지요.

아르키메데스는 아무리 생각해도 묘안이 떠오르지 않자 머리를 잠깐 식힐 겸 목욕탕에 들어갔어요. 그가 물이 가득 찬 욕조에 몸을 넣자마자 탕의 물이 넘쳐흘렀어요. 순간 그의 머리에 놀라운 아이디어가 섬광처럼 번쩍였어요. 부력의 원리를 발견한 역사적 순간이었죠!

즉 가득 채운 물속에 금관을 넣으면 그 부피만큼의 물이 흘러나가리라는 논리가 유추되었던 거예요. 그는 물의 양에서 금관의 부피를 알아내고 같은 부피의 금 무게와 비교하여 불순물이 포함되어 있는지 아닌지 알아낼 수 있었어요. 물질마다 일정한 부피에 해당하는 무게가 다르다는 것을 알아차려 금관에 들어 있는 불순물을 쉽게 가려낼 수 있었던 거예요.

카메라 렌즈의 조리개는 렌즈를 통해 들어오는 빛의 양을 조절합니다. 자동카메라의 경우 빛의 양에 따라 자동으로 렌즈의 구멍을 크고 작게 조절해요. 아래 조리개는 정팔각형 모양이에요. 조리개의 한 외각의 크기를 구하여 봅시다.

**풀이**

정다각형에서 외각의 크기의 합은 모두 360도 임을 알고 있죠? 한 외각의 크기는 외각의 합을 그 꼭짓점의 개수로 나누어야 하므로 $\dfrac{360°}{8}=45°$ 입니다.

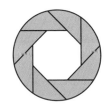

**개념다지기 문제 2** 어느 마트에서 음료수 판매량을 높이기 위해 음료수를 3개씩 묶어 세일 판매를 하기로 했어요. 고객들이 편하게 물건을 고를 수 있도록 테이프로 묶어 진열하려고 해요. 아래 두 경우 중에서 어느 쪽이 얼마나 더 테이프가 절약되는지 구하여 봅시다. (단, 캔의 밑면은 지름이 6cm인 원)

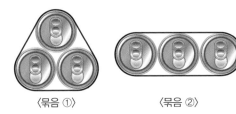

〈묶음 ①〉          〈묶음 ②〉

묶은 테이프를 직선과 곡선으로 나누어 계산하면 좋아요.

묶음 ① : 그림처럼 빨간색 직선 부분은
지름의 길이와 같고, 3개의 곡선 부분을
합하면 캔의 원둘레와 같아요. 따라서

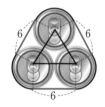

$$6 \times 3 + 2 \times \pi \times 3 = 18 + 6\pi \text{(cm)}$$

묶음 ② : 빨간색 직선 부분은 각각 지름
의 2배이고, 곡선 부분을 합하면 캔의 원
둘레와 같아요. 따라서

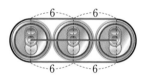

$$6 \times 2 \times 2 + 2 \times \pi \times 3 = 24 + 6\pi \text{(cm)}$$

그러므로 묶음 ①이 테이프를 6cm 더 절약할 수 있어요.

개념다지기 문제 3  오른쪽 사진은 앵무조개의 껍데
기 내부 모습입니다. 나선형 곡선 모양으로 간단히
나타내면 다음 그림과 같아요. 그림 속 사각형은 모
두 크기가 다른 정사각형이고 가장 작은 정사각형
의 한 변의 길이가 1이라면 곡선이 이루는 총넓이
는 얼마일까요?

각 정사각형의 한 변의 길이를 구하면 그림과 같
아요.

각 도형은 중심각이 90°인 부채꼴이고 가장 작
은 부채꼴만 2개입니다. 전체 넓이를 구하면

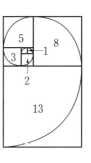

$$\frac{1}{4}(2 \times 1^2 + 2^2 + 3^2 + 5^2 + 8^2 + 13^2)\pi$$

$$= \frac{1}{4}(2+4+9+25+64+169)\pi$$

$$= \frac{273}{4}\pi$$

# 제8장

# 입체도형

## 1. 수학은 이 손 안에!

수학을 마치 먼 하늘에서나 일어나는 일이라고 생각하는 친구들이 있는데 천만의 말씀이에요. 수학은 생각보다 쉽게 우리 주위에서 찾을 수 있답니다. 십진법은 인간의 손가락이 10개라는 사실에서 나왔음은 이미 배웠어요.

그런데 정다면체의 연구도 인간의 한 손가락 수가 5개라는 사실과 깊은 관련이 있어요. 동양에서는 인간의 감각은 오감, 즉 눈, 귀, 코, 혀, 피부라고 인식했어요. 또한 하늘에는 수성, 금성, 화성, 목성, 토성 다섯 개의 행성이 있는 것으로 생각했고, 이 세상에 있는 사물도 5개로 분류했지요. 바로 온 세상이 불火, 물水, 나무木, 금金, 흙土의 다섯까지 기본 요소로 이루어졌다는 오행설이었어요.

한편 고대 그리스에서는 플라톤이 5개의 정다면체를 생각하면서 하늘에는 5행성, 땅에는 정다면체 5개가 있다고 큰 소리를 쳤어요. 동양인과 서양인 모두 공통적으로 이 세상을 이루는 중요한 요소를 인간의 다섯 손가락과 대응하여 생각한 것이지요.

"모두가 이 손 안에 있다."

이 사실을 알아차린 수학자는 한결같이 5의 중요한 의미를 깨달았답니다.


### 2. 다면체

우리가 사는 지구의 모양은 공같이 둥근 구예요. 지구가 속해 있는 태양계와 태양계를 포함하는 은하계, 더 나아가 우주는 어떤 모양일까요?

고대 그리스의 철학자 플라톤은 우주를 기하학적으로 설명하려고 했어요. 그는 우주를 정다면체의 도형으로 이해했으며, 정다면체는 정사면체, 정육면체, 정팔면체, 정십이면체 그리고 정이십면체로 모두 5개밖에 없음을 증명했지요. 또한 그는 세상을 구성하는 기본 물질은 물, 불, 흙, 공기인데 그가 증명한 정다면체와 하나씩 대응한다고 주장했어요. 다음의 5가지 정다면체를 **플라톤의 입체도형**이라고 부른답니다.

물 : 정이십면체    불 : 정사면체    흙 : 정육면체    공기 : 정팔면체    우주 : 정십이면체

**더 알아보기**   플라톤은 왜 정사면체=불, 정육면체=흙, 정팔면체=공기, 정십이면체=우주, 정이십면체=물이라고 생각했을까요?

정사면체는 뾰족한 모양이 날카로운 느낌을 주므로 무서운 불로 생각했고, 정육면체는 안정감 있는 상자 모양이므로 부드러운 흙으로 생각했어요. 또한 정팔면체는 마주보는 두 꼭짓점을 엄지와 중지로 잡고 입으로 불거나 손으로도 쉽게 돌릴 수 있으니까 유동적으로 움직이는 불안정한 공기로 생각한 것 같아요. 물론 정팔면체가 작은 도형일 때만 해당하지만 말이에요.

정이십면체는 정사면체, 정육면체, 정팔면체보다는 둥그런 모양이므로 동그르르 구르는 물방울을 연상하여 물로 생각하였고, 정십이면체는 황도 12궁이라는 우주론과 연관이 있는 것으로 생각했어요.

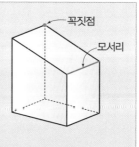

**약속**

다각형의 면으로만 둘러싸인 입체도형을 다면체라고 한다. 다면체를 이루는 다각형 모양을 다면체의 면, 다각형의 변을 다면체의 모서리, 다각형의 꼭짓점을 다면체의 꼭짓점이라고 한다. 다면체는 그 면의 개수에 따라 4개이면 사면체, 5개이면 오면체, 6개이면 육면체, … 라고 한다.

아래 그림과 같이 각뿔을 그 밑면에 평행한 평면으로 잘라서 생기는 두 입체도형 중에서 각뿔이 아닌 쪽의 다면체를 **각뿔대**라고 해요. 각뿔대는 밑면의 모양에 따라 삼각뿔대, 사각뿔대, 오각뿔대, … 라고 불러요. 각뿔대에서 평행한 두 면을 **밑면**, 밑면이 아닌 면을 **옆면**이라고 하죠. 각기둥의 두 밑면에 수직인 선분의 길이가 그 각기둥의 높이가 돼요. 또 밑면이 다각형이고 옆면이 모두 삼각형인 다면체는 **각뿔**이라고 불러요.

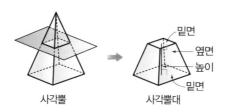

플라톤의 입체도형에서 보았듯이 정다면체는 오직 5개만 존재해요. 그렇다면 정다면체의 특징은 무엇일까요?

정다면체란 각 면의 크기와 모양이 똑같은 정다각형으로 된 도형이에요. 각 꼭짓점에 모여 있는 면의 개수가 똑같은 다면체이지요. 5개의 정다면체 도형을 다시 한 번 살펴봐요.

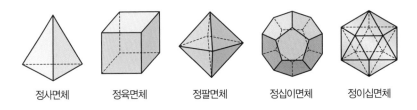

| 정사면체 | 정육면체 | 정팔면체 | 정십이면체 | 정이십면체 |

**더 알아보기 축구공에 이런 비밀이?**

2002년 한일 월드컵 경기에서 사용되었던 축구공은 피버노바 fevernova예요. 그 의미는 fever(축구 열기)＋nova(별)이라고 해요. 또 2010년 남아공 월드컵 경기에서 사용되었던 축구공은 자블라니Jabulani였는데 '축제를 위하여'란 뜻이에요.

맨 처음 32개 면으로 만들어진 준다면체 축구공은 날로 기술이 발전하여 2006년 독일 월드컵에서는 십사면체로 축소되었어요. 2010년 남아공 월드컵에서 선보인 자블라니는 면이 8개로 축소되면서 더 빠르고 파워 있는 슈팅이 가능하게끔 발전했어요.

2002년 월드컵 공식 구: 피버노바          2010년 남아공 월드컵 공식 구: 자블라니

### 3  회전체

회전하면서 우리 생활에 편리함을 주는 물건은 무엇이 있을까요? 선풍기의 프로펠러는 회전하면서 시원한 바람을 일으키고, 믹서기의 프로펠러는 회전하면서 식재료를 갈아 주지요. 막대에 색종이를 붙여서 만든 바람개비는 회전하면서 색종이의 처음 모양과는 전혀 다른 도형을 그려 주고요. 이처럼 어떤 도형을 회전시키면 처음과는 전혀 다른 도형으로 변신하면서 새로운 세계를 만들어 준답니다.

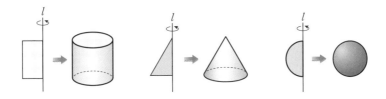

위의 그림처럼 사각형, 삼각형, 반원을 세로축을 중심으로 뱅그

르르 돌리면 입체도형이 생겨나요.

평면도형을 한 직선을 축으로 한 번 회전시킬 때 생기는 입체도형을 **회전체**라 하고, 이때 축이 되는 직선을 **회전축**이라고 해요. 그런데 꼭 한 번만 회전시켜야 할까요? 반드시 그런 건 아니랍니다. 하지만 1회전, 2회전, 3회전, … 아무리 여러 번 돌려도 모두 같은 도형이 돼요.

회전축은 세로축을 중심으로 하는 경우와 가로축을 중심으로 돌리는 경우 도형이 다르게 만들어져요. 사각형을 회전하면 원기둥이 만들어지고, 삼각형을 회전하면 원뿔, 반원을 회전하면 구가 된답니다.

그럼 이렇게 회전시켜 얻은 도형을 과감하게 절단해 볼까요?

으하하, 돌아라 돌아!

사각형과 삼각형, 원을 회전하여 원기둥과 원뿔, 구를 얻은 후 이 회전체를 밑면에 평행한 평면으로 잘라 보세요. 수평으로 자르면 절단면은 모두 원이 돼요. 왜냐하면 회전해서 생긴 도형들이기 때문이에요.

그럼 이번에는 세로축으로 잘라 볼까요? 그런데 신기하게도 사각형을 회전하여 얻은 원기둥의 단면은 사각형, 삼각형을 회전하여 얻은 원뿔은 삼각형, 반원을 회전하여 얻은 구의 단면은 원으로 나타났어요.

그림과 같이 원뿔을 회전축 $l$에 수직인 평면으로 자르면 그 잘린 면은 모두 원이 되는데 위로 갈수록 크기가 작은 원이에요. 또 회전축 $l$을 포함하는 평

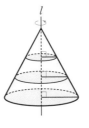

면으로 자르면 그 잘린 면은 서로 합동인 이등변삼각형이 되며, 회전축에 대하여 **선대칭도형**이 된답니다.

삼각형을 회전할 때 밑변이 넓은 삼각형을 회전하면 베트남 사람들이 즐겨 쓰는 모자 같은 도형이 되고, 밑변이 좁으면 어린

이들이 생일파티 때 쓰는 고깔모자 모양이 돼요.

**회전체의 성질**

(1) 회전축에 수직인 평면으로 회전체를 자르면 단면은 항상 원이다.

(2) 회전축을 포함하는 평면으로 회전체를 자르면 단면은 모두 합동이
고, 회전축을 대칭축으로 하는 선대칭도형이 된다.

(3) 선대칭도형이란 선을 중심으로 완전히 합동인 도형을 말한다. 즉, 사
각형을 반으로 접은 다음 다시 폈을 때 접힌 선을 기준으로 양 옆의
사각형들은 서로 선대칭이라고 말할 수 있다. 삼각형도 마찬가지이다.

원뿔을 아래 그림처럼 자르면 작은 원뿔과 아래 부분으로 나뉘
어요. 나누어진 두 개의 입체도형 중 원뿔이 아닌 쪽의 도형을 **원
뿔대**라고 불러요. 원뿔대의 두 밑면 사이의 거리는 **원뿔대의 높이**
라고 해요. 여러분이 좋아하는 아이스크림콘을 잘랐다고 생각하
면 돼요. 콘cone이 원뿔이기 때문에 원뿔 모양의 아이스크림을 아
이스크림콘이라고 불러요.

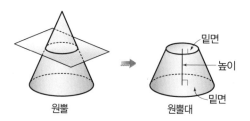

초등학교 때 이미 배웠던 삼각형, 사각형, 원을 회전시켰더니
전혀 생각지도 못했던 입체도형으로 변신을 했어요. 이제 한 가지

만 더 알아봐요. 산에서 돌을 던질 때나 야구장에서 나온 홈런 공이 그리는 아름다운 곡선을 포물선이라고 해요. 이 포물선으로 회전체를 만들면 무엇이 될까요? 혹시 여러분은 천문대나 공항, 아파트 벽에 붙어 있는 크고 작은 접시 모양 물건을 본 적이 있나요? 그건 바로 '파라볼라 안테나'라고 부르는 포물선의 회전체랍니다. 이렇게 간단한 평면도형을 회전함으로써 처음에는 생각지도 않았던 재미있는 도형이 되었어요. 도형들은 모두 우리 생활에 무척 유용하답니다.

## 4. 기둥의 겉넓이와 부피

고대 그리스의 학자 아르키메데스는 목욕탕에서 물의 부력을 알아내고서 너무 기쁜 나머지 벌거벗은 채로 뛰어나갔다는 이야기로 유명해요.

그런데 그의 죽음에는 또 다른 안타까운 이야기가 있어요. 로마군이 쳐들어 왔을 때 아르키메데스는 모래 위에 도형을 그리며 골똘히 연구하고 있었는데 로마의 병사가 그림을 밟고 지나가 버렸대요. 아르키메데스는 연구를 방해한 병사를 향해 "내 도형을 밟지 마라!"라고 크게 소리를 쳤지요. 병사는 그가 유명한 학자인지도 모르고 소리 지르는 노인을 단칼에 베어 버리고 말았대요. 이 소식을 전해들은 로마군의 대장은 그의 죽음을 몹시 애석해했어

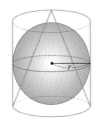

내 도형 밟지 마!

요. 그래서 평소 아르키메데스가 제자들에게 부탁한대로 그의 묘비에 위의 도형 그림을 새겨 넣었다고 해요. 그림 속 세 입체도형인 구, 원뿔, 원기둥은 어떤 관계가 있는 걸까요? 이제부터 차근차근 알아보기로 해요.

**생각 열기** 사각기둥의 겉넓이는 언제 필요할까요?

직육면체 모양의 선물 상자를 포장할 때 필요한 포장지의 넓이는 곧 직육면체 상자의 겉넓이가 됩니다. 물론 실제로 선물을 포장하려면 접는 부분과 겹치는 부분을 감안하여 보통 선물 상자 겉넓이의 1.2배 이상이 필요해요. 사각기둥의 겉넓이를 구할 때에는 옆의 그림처럼 전개도를 이용하면 되지요. 각기둥은 합동인 두 밑면과 직사각형 모양의 옆면으로 이루어져 있으므로 각기둥의 겉넓이는 다음과 같아요.

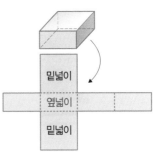

$$(각기둥의 겉넓이) = (밑넓이) \times 2 + (옆넓이)$$

원기둥의 겉넓이도 각기둥의 겉넓이와 같은 방법으로 구하면 돼요. 밑면인 원의 반지름의 길이가 $r$이고, 높이가 $h$인 원기둥의 전개도를 그리면 다음과 같아요.

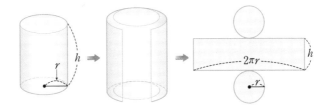

밑면은 반지름이 $r$인 원이고, 옆면은 가로가 밑면의 원둘레 길이이고, 세로는 원기둥의 높이와 같은 직사각형이에요. 그러므로 원기둥의 겉넓이는

$$2 \times \pi r^2 + 2\pi r \times h = 2\pi r^2 + 2\pi rh$$

이번에는 맛있는 샌드위치와 치즈케이크를 생각해 보세요. 간식용 음식으로 보지 말고, 도형의 눈으로 바라보자고요. 샌드위치 한 조

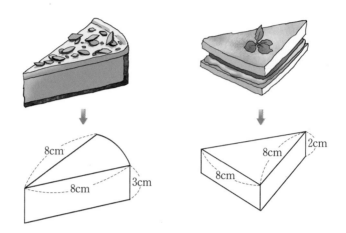

각과 치즈케이크 한 조각의 부피는 각각 얼마일까요? 샌드위치의 주재료는 식빵이므로 넓적한 사각기둥을 반으로 자른 도형으로 생각해요. 치즈케이크 한 조각의 경우 원기둥 모양의 커다란 치즈케이크를 12등분한 것이라면 원기둥의 부피를 12등분하면 된답니다. 샌드위치는 얇은 삼각기둥으로 생각할 수도 있어요. 기둥이라고 해서 항상 높이가 높은 도형만을 생각할 필요는 없어요. 샌드위치의 부피는 밑면의 한 변과 기둥의 길이만 알면 돼요. 예를 들어 한 변의 길이가 8cm인 직각이등변삼각형을 밑면으로 하고 높이가 2cm인 샌드위치의 부피를 구한다면

$$(샌드위치의 \ 부피) = \frac{1}{2} \times (사각기둥의 \ 부피)$$
$$= \frac{1}{2} \times (사각기둥의 \ 밑넓이) \times (높이)$$
$$= (삼각기둥의 \ 밑넓이) \times (높이) = \left(8 \times 8 \times \frac{1}{2}\right) \times 2 = 64(cm^3)$$

이번에는 치즈케이크의 부피를 구해 봐요. 현의 길이가 8cm인 부채꼴을 밑면으로 하고 높이가 8cm인 치즈케이크 한 조각은 반지름이 8cm인 원을 밑면으로 하는 원기둥 부피의 $\frac{1}{12}$이 되죠(케이크를 12등분했으므로). 실생활에서는 보통 근사치를 사용하니까 여기서는 $\pi$를 근삿값 3으로 계산해 보세요.

(치즈케이크의 부피)=(원기둥의 부피)$\times\frac{1}{12}$

=(원기둥의 밑넓이)$\times$(높이)$\times\frac{1}{12}$

=($\pi\times$반지름$\times$반지름)$\times 3\times\frac{1}{12}$

$\approx(3\times8\times8)\times3\times\frac{1}{12}=48(\text{cm}^3)$

어때요? 부피는 샌드위치가 크더라도 칼로리는 치즈케이크가 훨씬 높겠죠?


만약 오각기둥, 육각기둥의 부피를 구하고 싶다면 어떻게 하면 될까요? 우리는 앞에서 다각형의 면적을 구할 때 삼각형으로 나누어서 생각했어요. 기둥의 경우도 마찬가지예요.

삼각기둥이 아닌 각기둥의 경우, 여러 개의 삼각기둥으로 나눌 수 있어요. 따라서 각기둥의 부피는 나누어진 삼각기둥 부피의 합으로 구할 수 있어요. 자, 다음의 공식으로 마무리지어 봐요!

밑넓이가 S, 높이가 $h$일 때 각기둥의 부피 V=S$h$

오른쪽 그림은 원기둥 속에 꼭 맞게 들어가는 팔각기둥이에요. 팔각기둥은 밑면이 팔각형인 도형이랍니다. 밑면의 도형은 십각형, 십이각형, …으로 한없이 확장할 수 있어요. 변의 개수가 많아질수록 원에 가까워짐을 알 수 있지요.

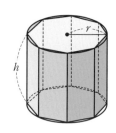

즉, 밑면이 정다각형인 각기둥에서 밑면의 변의 개수를 계속 늘려 나가면 각기둥은 점점 원기둥에 가까워져요. 따라서 원기둥의 부피는 각기둥의 부피와 같은 방법으로 구할 수 있어요.

$$(원기둥의 부피) = (밑넓이) \times (높이)$$
$$V = \pi r^2 h$$

## 5. 뿔의 겉넓이와 부피

수진이는 색지로 동생의 생일잔치에 쓸 예쁜 고깔모자를 만들려고 해요. 색지가 얼마나 필요할까요?

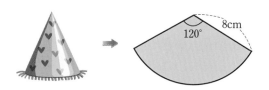

원뿔 모양의 고깔모자 넓이를 가늠하기 위해 헌 고깔모자를 잘라서 펼쳐 보았더니 현의 길이가 8cm인 부채꼴 도형이었어요. 고깔모자를 만드는 데 필요한 색지의 계산은 원뿔의 겉넓이를 구하는 문제였는데 어느 새 부채꼴의 넓이 문제가 되었어요.

부채꼴의 넓이 문제에서 중요한 것은 중심각을 알아야 한다는 선생님 말씀이 생각나 각도기로 재어 보니 120도였어요. 그렇다면 고깔모자의 넓이는 얼마일까요? (단, $\pi$의 값은 3)

$$부채꼴의 넓이 = (반지름 \times 반지름 \times 3) \times \frac{중심각}{360}$$

$$= 8 \times 8 \times 3 \times \frac{120}{360} = 64\,(\text{cm}^2)$$

그런데 문제가 생겼어요. 문방구에서 색지를 살 때는 원뿔 모양으로 필요한 양만큼 구입할 수가 없어요. 보통 사각형 모양으로만 살 수 있는데 어떡해야 할까요? 보통 색지나 시트지, 옷감을 팔 때는 단위 길이로 마(90cm)를 사용하므로 수진이가 90cm 한 마를 사면 넉넉하게 만들 수가 있어요.

이렇게 수진이가 한 것처럼 입체도형을 잘라서 평면에 평평하게 펼친 모양을 그 도형의 **전개도**라고 부릅니다.

오른쪽 그림은 사각뿔을 펼친 전개도로, 한 개의 밑면과 삼각형 4개로 된 옆면으로 이루어져 있어요. 각뿔

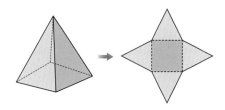

의 겉넓이는 어떻게 구할 수 있을까요?

$$(각뿔의 겉넓이)=(밑넓이)+(옆넓이)$$

원뿔의 전개도에서는 밑면이 원이고 옆면은 부채꼴이었죠. 그러니까 원뿔의 겉넓이는 부채꼴의 넓이와 원의 넓이를 더하면 돼요. 그럼 앞의 고깔모자와의 차이점은 무엇일까요? 모자는 밑면이 없기 때문에 원 없이 부채꼴만 있는 도형이랍니다.

밑면의 반지름이 $r$, 모선의 길이가 $l'$인 원뿔의 밑넓이는 $\pi r^2$이 됩니다. 옆면은 좀 더 생각을 넓히면 쉬워요.

앞에서 다음 공식을 배웠습니다.

**약속**

반지름이 $r$, 부채꼴의 호의 길이가 $l$일 때
부채꼴의 넓이 $S=\dfrac{1}{2}rl$

모선의 길이가 $l'$이라면 아래 부채꼴은 반지름이 $l'$인 원의 일부분입니다. 또한 호의 길이는 밑면인 원의 둘레와 같지요. 따라서 부채꼴의 넓이는

$\dfrac{1}{2}\times 반지름 \times 호의 길이 = \dfrac{1}{2}\times l' \times 2\pi r = \pi r l'$이 되므로

원뿔의 겉넓이는 $S=\pi r^2+\pi r l'$입니다.

(부채꼴의 호의 길이 $l$과 헷갈리지 않기 위해 $l'$라고 했어요.)

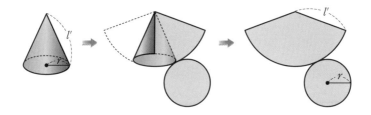

생각
열기 지혜는 엄마와 함께 마트에 갔다가 목이 말라 정수기로 달려갔어요. 정수기에 부착된 종이컵은 원뿔 모양이었어요. 지혜는 물을 다 마신 다음 원뿔 모양의 종이컵에 물을 얼마나 담을 수 있을지 궁금했어요. 지혜는 원뿔의 밑면과 높이가 각각 똑같은 원기둥 모양 통을 찾아서 실험을 하기로 하였어요. 지혜가 원뿔 모양 종이컵에 물을 가득 담아서 원기둥 통에 옮겨 담았더니 딱 3번만에 가득 채워졌어요. 이 실험으로 지혜는 원뿔의 부피가 원기둥 부피의 $\frac{1}{3}$임을 알 수 있었답니다.

## 6. 구의 겉넓이와 부피

아래 그림처럼 밑면의 지름의 길이와 높이가 같은 원기둥 용기에 물을 가득 채웠어요. 지름의 길이가 원기둥 높이와 같은 구를 그림처럼 물속에 완전히 담그면 물이 그릇 밖으로 넘쳐흐르게 되죠. 남은 물의 높이를 측정해 보았더니 원기둥의 $\frac{1}{3}$이 되었다고 해요. 즉, 넘쳐흐른 물의 양은 구의 부피와 같으므로 구의 부피는 원기둥 부피의 $\frac{2}{3}$임을 알 수 있지요.

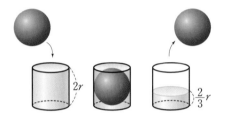

따라서 반지름의 길이가 $r$인 구의 부피를 V라고 하면

$$(\text{구의 부피}) = \frac{2}{3} \times (\text{원기둥의 부피}) = \frac{2}{3} \times (\text{밑넓이}) \times (\text{높이})$$

$$= \frac{2}{3} \times \pi r^2 \times 2r = \frac{4}{3} \pi r^3$$

이제는 구의 부피를 이용하여 구의 겉넓이를 구해 봐요.

수박 한 통을 사서 오른쪽 그림처럼 수박의 중심까지 칼을 넣어 수박의 겉면을 아주 작은 조각으로 잘라 보세요.

높이

그 조각은 사각뿔 모양으로 생각할 수 있어요. 사각뿔의 높이는 구의 반지름의 길이와 같고, 구의 겉넓이는 각뿔의 밑넓이의 합과 같게 되죠. 앞에서 배운 각뿔 공식을 이용하면

$$(구의 \ 부피) = \frac{1}{3} \times (각뿔의 \ 밑넓이의 \ 합) \times (각뿔의 \ 높이)$$

$$= \frac{1}{3} \times (구의 \ 겉넓이) \times (각뿔의 \ 높이)$$

앞에 나온 구의 부피 공식을 적용하면

$\frac{4}{3}\pi r^3 = \frac{1}{3} \times (구의 \ 겉넓이) \times r$ 이므로 구의 겉넓이는 $4\pi r^2$이 됩니다.

**약속**

각뿔과 원뿔의 부피는 다음과 같다.

① 밑넓이가 S이고, 높이가 $h$인 각뿔의 부피 V는 $V = \frac{1}{3}Sh$

② 밑면의 반지름의 길이가 $r$, 높이가 $h$인 원뿔의 부피 V는

$$V = \frac{1}{3}\pi r^2 h$$

우리는 지금까지 여러 가지 도형에 대해 배웠어요. 그런데 왜 이런 내용을 알아야 할까요?

우리 주변에는 즐거움과 만족을 주는 사물이 매우 많아요. 꽃을 보면 모든 사람이 아름답다고 느끼지요. 그런데 왜 아름다운 걸까요? 그건 바로 꽃을 구성하는 꽃잎, 줄기, 잎, 암술, 수술 등 여러 가지 요소가 조화를 이루기 때문이죠. 그런데 이 요소를 하나씩 따로 떼어서 보면 별로 아름다움을 느끼지 못해요. 각 요소가 나

름대로 자기 자리를 찾아서 하나가 되었을 때 비로소 조화를 이루면서 아름다워 보이는 거죠.

수학도 마찬가지랍니다. 아르키메데스의 연구를 예로 들어 볼게요. 그는 처음에 원기둥, 구, 원뿔의 부피를 하나씩 따로 따로 연구했어요. 그것만으로도 훌륭한 수학의 업적이었지요. 그런데 이들을 차례로 내접시키자 놀랍게도 새로운 아름다움이 드러났어요. 이 도형들의 부피의 비가 절묘하게 어울렸답니다. 아르키메데스는 이들이 하나가 되어 꽃 못지않은 조화를 이루고 있음을 알고 깜짝 놀랐어요.

아르키메데스는 원주율, 부력의 원리 등 많은 것을 발견했어요.

하지만 가장 자랑스럽게 여긴 것은 '원기둥, 구, 원뿔의 부피의 비가 3 : 2 : 1'이 되는 것이었다고 해요. 그래서 생전에 제자들에게 "내 무덤의 묘비에는 이 사실을 그림으로 새겨 달라."는 유언을 남기기까지 했답니다.

여러분도 도형의 조화를 통해서 수학의 아름다움을 함께 느껴 보면 어떨까요? 수학은 아름다움에서 그치지 않고 우리 생활을 더 풍요롭게 해 주는 마법 같은 학문이랍니다.

개념다지기 문제 1 종우는 돌돌 말려 있는 3겹 두루마리 화장지를 풀면 그 길이가 몇 m나 될지 매우 궁금했어요. 화장지를 기다랗게 풀지 않고 그 길이가 얼마인지 구할 수 있는 방법이 있을까요? (단, 화장지의 두께는 0.01cm이며, 원주율은 3.14로 계산)

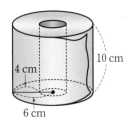

풀이

구하려는 화장지의 길이를 $x$라고 해요.

그림처럼 가운데 원기둥에 돌돌 감긴 화장지를 다 풀어 버리면 매우 기다란 직사각형이 되는데, 화장지의 두께가 0.01cm이므로 종이로 생각하지 않고 아주 얇은 직육면체로 생각해요. 바로 이 발상이 문제의 관건이랍니다. 이제 펼친 화장지의 부피를 구해 보면

$$\text{밑넓이} \times \text{두께} = (\text{화장지의 길이} \times \text{세로}) \times \text{두께}$$
$$= x \times 10 \times 0.01 = 0.1x$$

펼친 화장지의 부피와 그림에서 보이는 원기둥의 부피가 같아야 합니다. 그런데 큰 원기둥에서 가운데 작은 원기둥의 부피를 빼어야 하고, 원기둥의 부피는 (밑넓이 × 높이)임을 기억해야죠.

$$(\text{큰 원기둥의 부피}) - (\text{작은 원기둥의 부피})$$
$$= (6^2 \times 3.14 - 2^2 \times 3.14) \times 10$$
$$= 32 \times 3.14 \times 10 = 1004.8 (\text{cm})$$

펼친 화장지와 원기둥의 부피가 같아야 하므로

$$0.1x = 1004.8$$
$$\therefore \ x = 1004.8 \div 0.1 = 10048 (\text{cm})$$

화장지의 길이는 약 100.48m입니다.

개념다지기 문제 2 　아이스크림의 부피를 구하려고 합니다. 이때, 바삭거리는 원뿔 모양 과자 속에는 아이스크림이 없다고 가정해요. 구 모양이지만 물이 든 비커에 담가 부피를

구할 수는 없겠지요! 대신 아이스크림을 뜰 때 사용하는 스쿱scoop을 사용하면 쉽게 구할 수 있어요. 지름이 6cm인 스쿱으로 뜬 아이스크림의 부피는 몇 ml일까요? (단 $\pi$는 3.14)

구의 부피는 $\dfrac{4}{3}\pi r^3 = \dfrac{4}{3}\pi 3^3 = 36\pi = 36 \times 3.14 = 113.04(\text{cm}^3) = 113.04ml$

개념다지기 문제 3    아르키메데스의 묘비에 새겨진 세 입체도형 사이의 비례 관계를 구하여 봅시다. (단, 원의 반지름은 $r$)

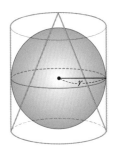

원뿔의 부피 $= \dfrac{1}{3}\pi r^2 h = \dfrac{1}{3}\pi r^2 \times 2r = \dfrac{2}{3}\pi r^3$

($\because$ 반지름이 $r$이므로 원뿔의 높이는 구의 지름이므로 $2r$)

구의 부피 $= \dfrac{4}{3}\pi r^3$

원기둥의 부피 $=$ 원기둥의 밑넓이 $\times$ 높이 $= \pi r^2 \times 2r = 2\pi r^3$

따라서 원뿔과 구, 원기둥의 부피를 비교해 보면

원뿔 : 구 : 원기둥 $=\dfrac{2}{3}\pi r^3:\dfrac{4}{3}\pi r^3:2\pi r^3$

$\qquad\qquad\qquad =2\pi r^3:4\pi r^3:6\pi r^3$

$\qquad$ ($\because$ 분모의 3을 없애기 위해 각 항에 3을 곱해요.)

$\qquad\qquad =2\pi:4\pi:6\pi$($\because$ 공통인수 $r^3$으로 나누어요.)

$\qquad\qquad =1:2:3$($\because$ 공통인수 $2\pi$로 나누어요.)

따라서 원뿔 : 구 : 원기둥 $=1:2:3$의 간단한 정수비를 얻어요.

개념다지기 문제 4 밑면은 지름의 길이가 3cm인 원이고, 모선의 길이가 9cm

인 원뿔 모양 폭죽이 있습니다. 폭죽의 전체를 덮는 포장지를 새롭게 디자인

하려고 할 때 포장지의 넓이를 구해 보세요. (단, 포장지의 겹쳐지는 부분의

넓이는 무시)

풀이

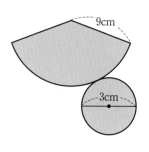

$S=(밑넓이)+(옆넓이)$

$\quad =\pi r^2+\pi rl\,(l$은 모선의 길이$)$

$\quad =\left(\dfrac{3}{2}\right)^2\times\pi+\pi\times\dfrac{3}{2}\times9$

$\quad =\dfrac{9}{4}\pi+\dfrac{27}{2}\pi$

$\quad =\dfrac{63}{4}\pi\,(\text{cm}^2)$

축구 경기에서 중요한 아이템인 축구공은 수학의 다면체 연구에서 비롯되었어요. 정오각형 20개로 이루어진 정이십면체는 꼭짓점이 12개예요. 각 꼭짓점을 정이십면체의 모서리를 삼등분한 점을 기준으로 잘라 내면 몇 개의 정다각형이 생길까요? 또 잘라 버린 삼각형의 면은 어떤 다각형으로 변하였을까요? 그 결과 정이십면체는 어떤 다면체로 변하였는지 알아보세요.

**풀이**

정이십면체는 정오각형 20개로 이루어진 도형으로 꼭짓점이 12개이므로 꼭짓점을 깎아내면 12개의 정오각형이 생겨요. 그리고 20개의 삼각형 면은 정육각형으로 변하여 마침내 12개의 정오각형과 20개의 정육각형으로 이루어진 다면체가 됩니다. 이 도형은 정다면체가 아니라 준다면체(또는 깎은 정이십면체)라고 부르지요. 플라스틱이나 지점토로 만든 것이 아니라 32개의 부드러운 가죽 조각을 이어서 만든 이 다면체에 바람을 넣으면 바로 축구공이 되는 거예요.

## 중학생을 위한 스토리텔링 수학 1학년

| | |
|---|---|
| 펴낸날 | **초판 1쇄** 2015년 1월 26일 |
| | **초판 3쇄** 2015년 12월 22일 |

| | |
|---|---|
| 지은이 | **계영희** |
| 펴낸이 | **심만수** |
| 펴낸곳 | **(주)살림출판사** |
| 출판등록 | **1989년 11월 1일 제9-210호** |

| | |
|---|---|
| 주소 | **경기도 파주시 광인사길 30** |
| 전화 | **031-955-1350**   팩스 **031-624-1356** |
| 홈페이지 | **http://www.sallimbooks.com** |
| 이메일 | **book@sallimbooks.com** |

| | |
|---|---|
| ISBN | 978-89-522-2940-3   44410 |
| | 978-89-522-2951-9(세트) 44410 |

**살림Friends는 (주)살림출판사의 청소년 브랜드입니다.**

※ 값은 뒤표지에 있습니다.
※ 잘못 만들어진 책은 구입하신 서점에서 바꾸어 드립니다.

이 도서의 국립중앙도서관 출판시도서목록(CIP)은 서지정보유통지원시스템 홈페이지
(http://seoji.nl.go.kr)와 국가자료공동목록시스템(http://www.nl.go.kr/kolisnet)에서
이용하실 수 있습니다.(CIP제어번호: CIP2014027600)